基礎からわかる

Elm

エルム

Yosuke Torii
鳥居陽介 著

C&R研究所

■権利について

- 本書に記述されている社名・製品名などは、一般に各社の商標または登録商標です。
- 本書では™、©、®は割愛しています。

■本書の内容について

- 本書は著者・編集者が実際に操作した結果を慎重に検討し、著述・編集しています。ただし、本書の記述内容に関わる運用結果にまつわるあらゆる損害・障害につきましては、責任を負いませんのであらかじめご了承ください。
- 本書についての注意事項などを5～9ページに記載しております。本書をご利用いただく前に必ずお読みください。
- 本書は2019年1月現在の情報をもとに記述しています。

■サンプルについて

- 本書で紹介しているサンプルコードは、GitHubからダウンロードすることができます。詳しくは5ページを参照してください。
- サンプルコードの動作などについては、著者・編集者が慎重に確認しております。ただし、サンプルコードの運用結果にまつわるあらゆる損害・障害につきましては、責任を負いませんのであらかじめご了承ください。
- サンプルコードは、MITライセンスに基づき、利用・配布してください。

●本書の内容についてのお問い合わせについて

この度はC&R研究所の書籍をお買いあげいただきましてありがとうございます。本書の内容に関するお問い合わせは、「書名」「該当するページ番号」「返信先」を必ず明記の上、C&R研究所のホームページ（http://www.c-r.com/）の右上の「お問い合わせ」をクリックし、専用フォームからお送りいただくか、FAXまたは郵送で次の宛先までお送りください。お電話でのお問い合わせや本書の内容とは直接的に関係のない事柄に関するご質問にはお答えできませんので、あらかじめご了承ください。

〒950-3122 新潟県新潟市北区西名目所4083-6　株式会社 C&R研究所　編集部
FAX 025-258-2801
『基礎からわかる Elm』サポート係

PROLOGUE

「こんなに楽しい言語は他にない!」

Elm言語に入門したプログラマーがこのような感想を口にするのを、筆者はこれまで多く目にしてきました。もちろん筆者もそのうちの1人ですし、中にはまるで何かに取り憑かれたかのようにElmプログラミングに熱中する人もいます。何がそんなに惹きつけるのでしょうか? 一言では言い表しきれませんが、今までしっくりした解決策のなかった問題がシンプルかつきれいに解決していく感覚があるからだと思います。

ElmはWebブラウザ上で動作するアプリケーションを作るための新しいプログラミング言語です。作者のEvan Czaplicki氏は「どうして JavaScriptで画面を作るのはこんなに難しいのか、もっと簡単に画面を作れるはずだ」という問題意識を持っており、これがElm言語の出発点になっています。最初から画面を持ったアプリケーションを作るために作られた言語なのです。

Elmは強力な型システムを持った関数型言語です。手軽で迅速なアプリケーションの作成を支援する一方で、堅牢で信頼性のあるアプリケーションを作ることにも特化しています。JavaScriptでのプログラミングを経験したことのある読者であれば、「undefined is not a function」というエラーメッセージを幾度となく目にしてきたことと思います。しかし、Elmではその心配は要りません。なぜなら、Elmで書かれたプログラムは**実行時エラーがまったく発生しない**からです。他にも、Elmによるプログラミングを体験した人からは次のようなことをよく口にします。

- **コンパイルが通ればほぼ思った通りに動く**
- **どんなに大規模なリファクタリングをしてもバグが出ない**

本当にそんなことが可能なのでしょうか? それを確かめるためには、実際に手を動かしてみましょう。かなり高いレベルで安全なプログラミングが可能であることに、きっと驚くはずです。

とはいえ、関数型言語であるという性質上、どうしても慣れていないととっつきづらい部分が出てくるのも事実です。また、JavaScriptなどのメジャー言語とは違って世の中に多くの情報が溢れているわけでもありませんから、実際に何か作ってみようと思うと途端に「こういう場合はどうすればいいのだろう?」と手が止まってしまうこともしばしばあります。本書では、そうした関数型言語の作法から実際にアプリケーションを作るためのノウハウに到るまで、豊富な例とともに幅広く解説します。

前置きが長くなりましたが、とにかく始めてみましょう。何よりも手を動かして体感するのが一番手っ取り早いです。快適なWebアプリ開発の世界へようこそ!

2019年1月

鳥居 陽介

本書について

対象読者

本書は対象読者として次のような方を想定しています。

- HTML/CSS/JavaScriptの経験があり、より高度なアプリケーションの作成に挑戦したい方
- JavaScriptフレームワークの1つとしてElmの採用を検討している方
- 関数型言語に興味があって入門したい方

最初は趣味でちょっと触ってみるという方がほとんどだと思いますが、業務で使うにも十分な力を持っていますから機会があればぜひ導入を検討してみてください。また、本書はJavaScriptをはじめとする何らかのプログラミング言語に触れた経験のある読者を想定しています。プログラミングの基礎的な概念については説明を省略していますので、ご了承ください。

本書の特徴

本書の前半ではElmを学ぶに当たって基礎となる部分、特に型の扱い方や関数型言語に特有の作法といったところに重点を置いています。ElmはWebアプリケーションの作成に特化した仕組みを多く持っているため、簡単なものであればすぐに作り始めることができますが、ちょっと何か応用しようとするとたちまち基礎的な力を要求される場面が多いからです。

逆に基礎をしっかり理解していれば、どんなライブラリであってもドキュメントを読めばすぐに使えるようになるでしょう。Elmの基礎になっている関数型言語の考え方や、型定義を中心に設計を進めていく方法はそれ自体が味わい深いものですし、他の言語にも応用することができるでしょう。

後半では、Elmを実践で使うことを見据えて設計のパターンや便利なツールなどを紹介しています。ライブラリの使い方やツールなどはすぐに陳腐化してしまうものが多いのですが、執筆時点でベストといえるものを一通り詰め込んだつもりです。

学習の進め方

基本的にElmで学習すべき内容はすべて本書で完結するように書いていますが、理解を深めるために必要に応じてオンラインのリソースを参照してください。Elmの場合は特に公式に提供されているものが役に立ちます。

- 公式サイト：https://elm-lang.org/
- 公式ガイド：https://guide.elm-lang.org/
- 公式ガイド（日本語）：https://guide.elm-lang.jp/

また、コミュニティの力も借りてください。1人で考え込むより人に聞くのが早いです。下記のリンクから、日本のElmコミュニティのDiscord（チャットツール）に参加することができます。

URL https://elm-lang.jp/

その他のリソースやコミュニティの情報は《コミュニティとOSS》(p.252)も参照してください。

本書の執筆環境と動作環境

本書では次の開発環境を前提にしています。

- Elm 0.19

上記のElmを起動させたOSの環境は次の通りです。

- macOS Mojave(10.14.1)

ソースコードの表記について

本書の表記に関する注意点は、次のようになります。

ソースコードの中の▼について

本書に記載したサンプルプログラムは、誌面の都合上、1つのサンプルプログラムがページをまたがって記載されていることがあります。その場合は▼の記号で、1つのコードであることを表しています。

ソースコードdiffの見方について

また、ソースコード内ではdiffと呼ばれる形式でコードの差分が書かれることもあります。見慣れない方には少しコツが必要な記法なので、下記に読み方を紹介します。たとえば、次のようなコードがあったとします。

```
 type alias Internal =
-    { sortColumn : Maybe String
+    { sortColumn : List String
     , reversed : Bool
     }
```

`-` で書かれた行は削除され、`+` で書かれた行は追加されます。書き換えた場合は、このように以前のものが `-` で表示され、新しいものが `+` で表示されます。

もし、単純に追記をした場合は、特に削除した変更はなく、追記のみが適用されます。

基本的に**マイナス記号の箇所は削除**し、**プラス記号のところは書き足す**と覚えておくと間違いありません。

サンプルコードについて

本書のサンプルコードはGitHubに置いています。下記のリポジトリからコードをダウンロード、またはGitでチェックアウトしてご利用ください。

URL https://github.com/jinjor/elm-book

CONTENTS

CHAPTER 01

Elmをはじめよう

CHAPTER 02

Elmの基礎文法

CHAPTER 03

アプリケーションの作成

CHAPTER 04

Webアプリ開発の実践

CHAPTER 05

設計パターン

CHAPTER 06

一歩先のトピック

Elmをはじめよう

ここでは、Elmがどのような言語で何ができるのかを見た後、インストールから簡単なプログラムの作成の仕方までを一通り紹介します。

背景とElmの誕生

早速、Elmの紹介に入りたいのですが、その前に一度「私たちは今どのようなものを作りたいのか?」という認識を合わせておく必要があるのかもしれません。前提が食い違っていると本書で扱う内容がピンとこない可能性もあります。

ここでは、現在のWebアプリケーションを取り巻く状況について簡単に説明します。すでに馴染みのある方は飛ばしていただいて構いません。

Webアプリに求められるものの高度化

Elmのようなプログラミング言語が注目を浴びる背景には、複雑なアプリケーションをWebブラウザ上で動かす要求が高まってきたことがあります。昔ながらのWebといえば、あるURLからHTMLを取得して、後はちょっと動きのあるところだけJavaScriptが動くというものが一般的でした。しかし、今ではブラウザ中心、つまりサーバーサイドは空っぽのHTMLを返して、後はJavaScriptがページの描画からページ遷移まですべてやるという設計も珍しくなくなりました。ブラウザ上でテキストエディタやビデオチャットなど、高度なことも当たり前にできるようになりました。

設計手法も大きく変化しました。アプリケーションが肥大化するに連れて保守性の高い設計が求められ、JavaScriptのためのMVCフレームワークも多数登場しました。また、ページ間をリフレッシュなしに遷移するSPA(=Single Page Application)と呼ばれる手法も浸透してきました。

●典型的なSPAの設計

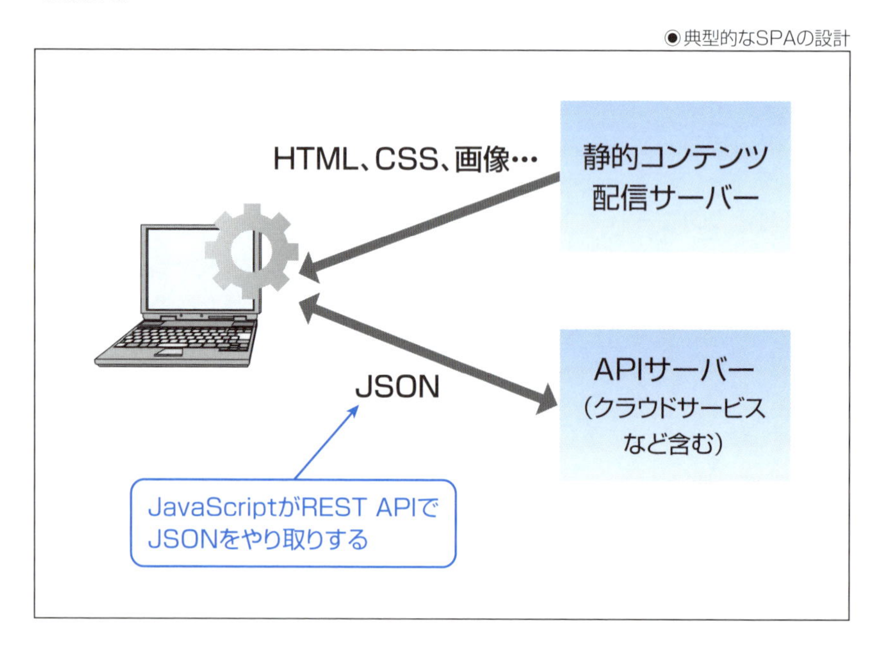

しかしここで問題になるのは JavaScriptはそのような大掛かりで複雑なアプリケーション構築を支援するための仕組みをもともとは持っていないということです。まず、動的型付けですから型の間違いを静的に(つまり実行する前に)検査することができません。また、モジュール解決の仕組みもNode.jsの登場まではありませんでした。さらに、ブラウザによって少しずつ違う挙動をすべて考慮しなければいけません。

JavaScript以外の言語をJavaScriptにコンパイルする方法も浸透してきました。古くはCoffeeScript、最近ではTypeScript、そして本書で扱うElmもその1つです。別の言語で書く大きなモチベーションの1つは、静的な型システムを手に入れることでしょう。しかし、JavaScriptと非常に近いTypeScriptが登場した今でもElmが好んで使われているのは、Elmがより強力な型システムに加えて優れたフレームワークとしての機能を合わせ持っているからです(詳しくは後の章で明らかにしていきましょう!)。

Elmの誕生と進化

Elmは、作者であるEvan Czaplicki氏が学生時代に書いた論文をもとに2012年に誕生しました。FRP(関数型リアクティブプログラミング)と呼ばれる手法を使ってGUIを記述することを目標にしており、その独自性から一部の界隈では話題になっていました。また、Evan Czaplicki氏はスムーズな学習のために自ら豊富なサンプルを用意するなど、当初から誰でも簡単にElmを使えるようにすることにこだわりを持っていたようです。

その後、2014年にReactのアイデアを取り入れた高速なHTML描画が可能になると、Elmは一気に注目を集めるようになりました。その注目を集めるきっかけの1つが優れたアーキテクチャ、その名も**「Elmアーキテクチャ(The Elm Architecture)」**です。一部のJavaScriptフレームワークはこのElmアーキテクチャの影響を大きく受けているようです。

さらに、バージョン0.17では今までのアイデアの集大成として大幅に言語をアップデートしました。このアップデートでそれまで言語の中核を担っていたFRPは役目を終え、さらに洗練された仕組みに生まれ変わりました。面白いのは、参入障壁を下げるために冗長な機能をどんどん削ぎ落としていることです。もともと他の関数型言語を真似たさまざまなシンタックスが存在したのですが、今は見る影もなく究極といえるまでにシンプルになりました。まさに今が、Elmを習得する絶好のタイミングといえるでしょう!

Elmの概要

Elmは、強力な静的型システムを持つ関数型言語です。JavaScriptにコンパイルすることによってブラウザ上で動作します。

- 公式サイト

URL https://elm-lang.org/

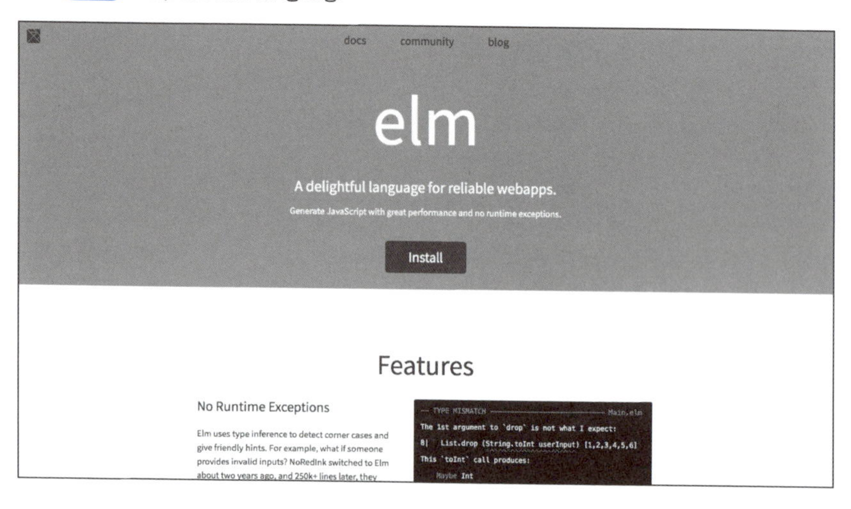

Elmの特徴

Elmは初心者が学習しやすいことを重視しており、とてもシンプルな言語になっています。そのため、関数型言語ははじめてという方でも順を追っていけば特段、難しいということはないはずです。とはいえ、見た目のシンプルさに反して、提供されている機能はとても強力なものです。

主な特徴を下記に挙げます。

▶ランタイムエラーが発生しない

強力な型システムを持っており、ランタイムエラーは一切、起こりません。また、強力な型推論によって型の記述に煩わされることはありません。

▶親切なエラーメッセージ

コンパイルエラーは人間にとって読みやすいようにこだわって作られています。タイプミスから条件分岐の網羅に至るまで、何をどう間違えているのかがコンソールにわかりやすく表示されます。

▶優れたアーキテクチャ

Elmは言語機能だけではなく、フレームワークとしての機能も提供します。「Elmアーキテクチャ」と呼ばれる設計手法によって、非常に整理された形でアプリケーションを構築することができます。

▶ JavaScriptとの協調

Elmのみでアプリケーションを完結させる必要はありません。JavaScriptとデータをやり取りすることによって、既存のアプリケーションの一部で使うこともできます。

▶ セマンティックバージョニングの強制

ライブラリのバージョンはツールによって厳密に管理されます。バージョンアップの際には、ツールが自動的に後方互換性を判定して適切なバージョン番号を振ります。これによってライブラリの互換性について心配せずに開発を進めることができます。

▶ オープンソース

コンパイラやライブラリなど、すべてのソースがGitHubに公開されています。何かバグなどがあればIssueで報告することもできます。ちなみに、コンパイラをはじめとするツール類はHaskell言語で書かれています。

作者・団体・開発体制

作者のEvan Czaplicki氏は、現在、アメリカのNoRedInk社でフルタイムでElmを開発しています。NoRedInk社は、英文法のオンライン学習システムを手がける企業で、世界最大規模のElmコードをプロダクションで運用しています。Elm自体の開発は、ほぼEvan Czaplicki氏が1人で行っていますが、周辺ライブラリはNoRedInk社員によって提供されているものも多くあります。

また、Evan Czaplicki氏は非営利組織のElm Software FoundationをNoRedInk社員と共同で設立しています。執筆時点では個人からの寄付は受け付けていないようですが、準備を進めているとのことです(ちなみに、彼が2015年末まで勤務していたPreziが最初の寄付者だそうです)。

Elmのバージョンについての注意

Elmのバージョンは執筆時点で0.19であり、まだ安定バージョン(1.0以上)はありません。そのため、**バージョンが上がるたびに破壊的な変更があります**。インターネット上にはElmに関する記事がたくさんありますが、古いものだと書いてあるコードが動かないことがあります。特に、最も大きな変更のあった0.17未満のコードはほぼ動かないと思ってよいでしょう。それ以上であれば比較的安定していますが、必ずバージョンを確認するようにしてください。

もう1つの注意点は、0.19からGitHubのOrganizationが **`elm-lang` から `elm` に変更された**ことです。これによって、パッケージ(ライブラリ)の名前も `elm-lang/*` から `elm/*` になりました。しかし、Googleで検索すると、いまだに古いパッケージが検索結果に出てくることがあります。特に「これはもう古い」という注意が書いているわけでもないので、間違えないように注意してください。

インストールと環境構築

Elmは、コンパイラなど開発に必要なものを一式揃えたツールを `elm` というシングルバイナリで提供しています。主な機能とサブコマンドは次の通りです。

機能	説明	サブコマンド
コンパイル	Elmのコードをコンパイルする	elm make
パッケージ管理	ライブラリをインストール・公開する	elm init、elm install、elm bump、elm diff、elm publish
REPL（対話型実行環境）	コンソール上で動作を確認する	elm repl
elm-reactor	ブラウザでアプリケーションをデバッグする	elm reactor

インストーラによるインストール

WindowsとMacのユーザーはインストーラの利用が可能です。公式サイトのトップページにリンクがあるので、そこからインストーラをダウンロードします。実行後、特に迷うことなく「OK」ボタンを押していけば最新バージョンを手に入れることができます。

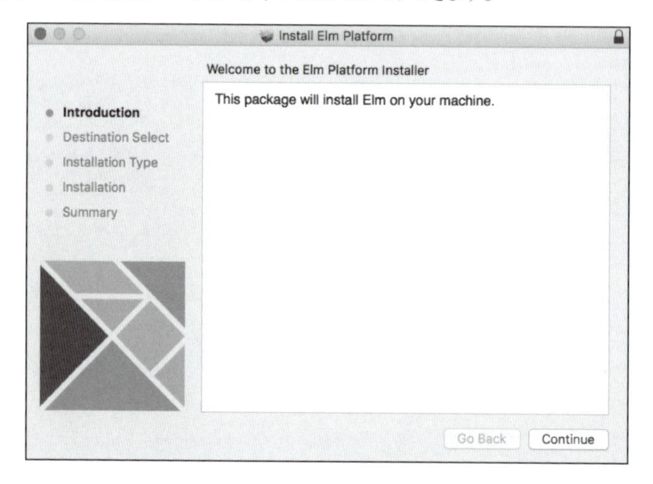

npmによるインストール

Windows／Mac／LinuxすべてのOSでnpmを使ってインストールすることが可能です。npmはNode.jsに付属するJavaScript用のパッケージマネージャーです。Webフロントエンドの開発では欠かせないツールですので、もし馴染みがなければ慣れておくと今後の作業が捗るでしょう。

次のコマンドでElmをインストールすることができます。

```
$ npm install -g elm
```

インストールの確認

インストールできたことを確認するためにコンソールで `elm` コマンドを実行してみましょう。次のように表示されればインストール成功です。

```
$ elm
Hi, thank you for trying out Elm 0.19.0. I hope you like it!

-------------------------------------------------------------------------------
I highly recommend working through <https://guide.elm-lang.org> to get started.
It teaches many important concepts, including how to use `elm` in the terminal.
-------------------------------------------------------------------------------

The most common commands are:

    elm repl
        Open up an interactive programming session. Type in Elm expressions like
        (2 + 2) or (String.length "test") and see if they equal four!

    elm init
        Start an Elm project. It creates a starter elm.json file and provides a
        link explaining what to do from there.

    elm reactor
        Compile code with a click. It opens a file viewer in your browser, and
        when you click on an Elm file, it compiles and you see the result.

There are a bunch of other commands as well though. Here is a full list:

    elm repl    --help
    elm init    --help
    elm reactor --help
    elm make    --help
    elm install --help
    elm bump    --help
    elm diff    --help
    elm publish --help

Adding the --help flag gives a bunch of additional details about each one.

Be sure to ask on the Elm slack if you run into trouble! Folks are friendly and
happy to help out. They hang out there because it is fun, so be kind to get the
best results!
```

テキストエディタにプラグインを入れる

有名なテキストエディタやIDE(Vim、Emacs、Atom、Visual Studio Code、IntelliJ IDEAなどなど)であれば、大抵、Elm用のプラグインが用意されています。お使いのエディタに合わせてインストールしておきましょう。

◉Visual Studio CodeのElmプラグイン

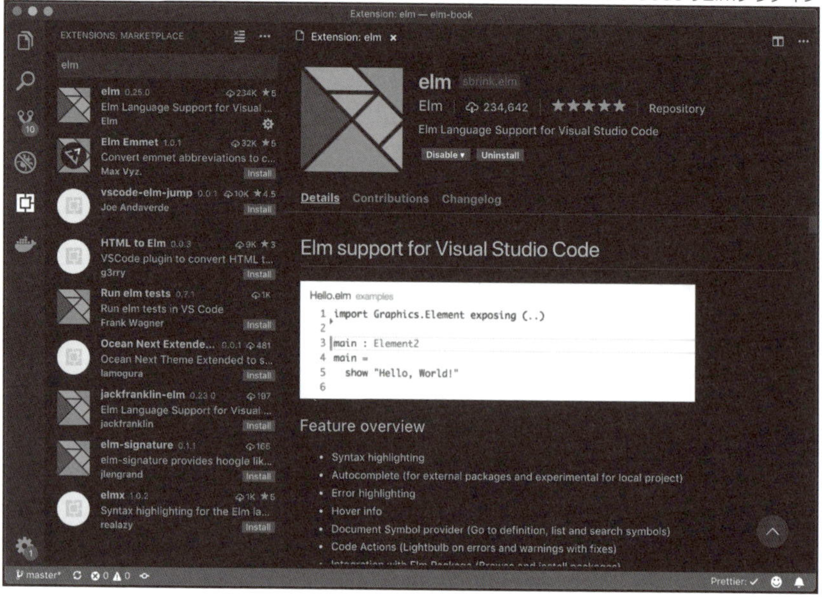

elm-formatのインストール

elm-formatは自動でコードを整形するためのツールで、事実上の標準のツールになっています。elm-formatはEvan Czaplicki氏の同僚であるAaron VonderHaar氏によって開発されています。

URL https://github.com/avh4/elm-format

次の2ステップで導入します。

1 「npm install -g elm-format」コマンドを実行する
2 各テキストエディタのプラグインから設定する

elm-formatは単体でCLIとしても動作しますが、エディタのプラグインを通して使うのが一般的です。設定方法はエディタによって異なるためリンク先を参照してください。

なお、本書ではスペース節約のため、elm-formatをかけていないコードがありますので、ご注意ください。

COLUMN　elm-formatは設定ファイルなし

elm-formatは整形のための設定ファイルをまったく持たないのが特徴です。

もし、`{ "indent": "space", "spaces": 4 }`のような設定があったらどうなるでしょうか。必ずチーム内でどちらが良いという論争になり、非生産的な時間を費やすことになるでしょう。

コーディングスタイルに関することはすべてelm-formatに任せてしまうのが一番楽な方法です！　筆者も最初は「2スペース派」だったので違和感がありましたが、すぐに慣れてしまいました。

Hello, world!

最初のプログラムとしてあらゆる言語で定番の「Hello, World!」をElmで書いてみましょう。

まずは、適当な場所に作業用ディレクトリを作ります。名前は何でも構いませんが、ここでは `hello` とします。今後、このディレクトリを**プロジェクト**と呼ぶことにします。Elmプログラムを書き始めるには、とにもかくにもこのプロジェクトが必要です。

プロジェクトを初期化するには、`hello` ディレクトリに移動して `elm init` コマンドを実行します。

```
$ elm init
Hello! Elm projects always start with an elm.json file. I can create them!

Now you may be wondering, what will be in this file? How do I add Elm files to
my project? How do I see it in the browser? How will my code grow? Do I need
more directories? What about tests? Etc.

Check out <https://elm-lang.org/0.19.0/init> for all the answers!

Knowing all that, would you like me to create an elm.json file now? [Y/n]:
```

出てきたメッセージを手短に翻訳すると「プロジェクトを管理するために `elm.json` というファイルが必要なので、作ってもいいですか？」と訊いています。`y` を入力すると、`elm.json` と空の `src` ディレクトリが作成されます。

次に、`src` ディレクトリ内に `Hello.elm` というファイルを作成し、次のコードを書きます。

SAMPLE CODE 1_4_hello/src/Hello.elm

```
import Html exposing (text)

main = text "Hello, world!"
```

このコードをコンパイルするには、`elm make` コマンドを実行します。

```
$ elm make src/Hello.elm
Success! Compiled 1 module.
```

同じディレクトリに `index.html` というファイルが生成されるので、ブラウザで開いてみましょう。画面の左上に「Hello, World!」と表示されているはずです。

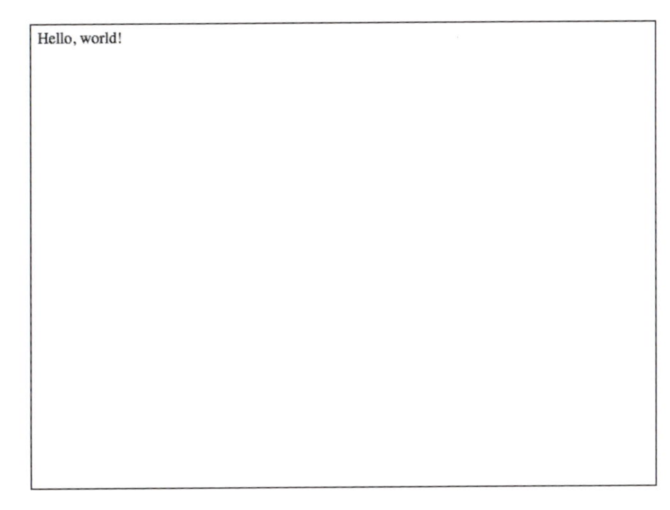

おめでとうございます。Elmの世界へようこそ!

elm reactorによるHello, world!

もう1つの手軽な確認方法として`elm reactor`を使う方法があります。`elm reactor`コマンドを実行すると、Elm組み込みのサーバーがその場で起動します。

```
$ elm reactor
Go to <http://localhost:8000> to see your project dashboard.
```

早速、ブラウザで`http://localhost:8000`にアクセスしてみましょう。

/ src

File Navigation
Hello.elm

Source Directories
src

Dependencies	
elm/browser	1.0.0
elm/core	1.0.0
elm/html	1.0.0

Test Dependencies

プロジェクトのファイル一覧と、関連する情報が表示されています。`Hello.elm`へのリンクから、先ほどと同じ「Hello, world!」のページを見ることができるはずです。

elm reactorはコンソールで`Ctrl+C`を入力すると終了します。

Hello, HTML!

「Hello, world!」だけでは物足りないという方は、もう少し別のものを表示してみましょう。

```
module Hello exposing (main)


import Html exposing (..)
import Html.Attributes exposing (..)


main =
    a [ href "https://elm-lang.org" ] [ text "Elm" ]
```

今度はどうでしょう？　Elmの公式サイトへのリンクが表示されていればOKです。テキストだけではなくHTMLもすぐに生成することができました。

それでも物足りないという方は次のサイトにもアクセスしてみましょう。これはEllie（Elm Live Editor）といって、オンラインでElmを書いて試すことのできるサイトです。

- Ellie

  URL https://ellie-app.com

アクセスしてすぐにサンプルアプリが表示されていると思います。これはボタンを押すと数値が増えたり減ったりするだけの「カウンター」というアプリケーションです。左と右の画面をざっと見比べると、何となくどういうコードを書くとどんなものが作れるのかという雰囲気がわかると思いますが、すべてを理解するにはちょっと我慢してCHAPTER 02を読み進める必要があります。無事にCHAPTER 03までたどり着いたら、改めて解説を開始することにします！

COLUMN Ellieについて

Ellie(Elm Live Editor)はオンラインでElmアプリを作成・シェアできるサイトです。何か簡単なアプリを作ってみたときや、バグ報告するのに再現して見せるときにも使えます。ライブラリが必要なときはそれをインストールすることもできます。

ちなみに、実装にはWebAssemblyが使われており、ブラウザ上でElmコンパイラが動くという、かなり凝った作りになっています。作者はEvan Czaplicki氏の同僚であるNoRedInk社のLuke Westby氏です。

●Ellie

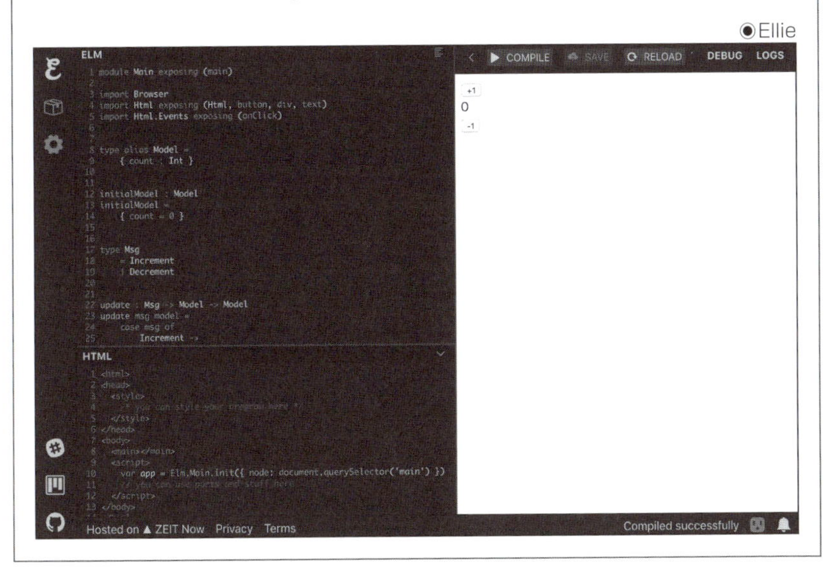

CHAPTER 02

Elmの基礎文法

ここからは2段階のステップを踏んでElmの学習を進めます。

- 基礎的な文法(関数や型、データの使い方など)
- アプリケーションの実装方法(フォーム入力やHTTP通信の実装など)

この章では、その前半としてElmの基礎的な文法を解説します。

SECTION-005

準備

文法をスムーズに学習するために、この章では`elm repl`を使います。

elm-replの使い方

REPL(=Read-Eval-Print Loop、対話型実行環境)とは、式を1つずつ評価しながら結果を確認するためのツールです。Elmでは`elm repl`コマンドを使います。

```
$ elm repl
---- Elm 0.19.0 ---------------------------------------------------------------
Read <https://elm-lang.org/0.19.0/repl> to learn more: exit, help, imports, etc.
--------------------------------------------------------------------------------
>
```

入力可能な状態になったら、式を入力してEnterキーを押します。評価された値とその型が次のように表示されます。

```
> 1
1 : number

> 1+1
2 : number
```

変数を宣言することもできます。

```
> a = "hello"
"hello" : String

> a ++ " world"
"hello world" : String
```

組み込みで用意されている関数を使うこともできます。

```
> String.length "hello"
5 : Int

> String.reverse "flow"
"wolf" : String
```

式が複数の行にまたがる場合は、バックスラッシュ(`\`)で行を区切ります。

```
> 1 + \
| 2
3 : number
```

elm replを終了するには `:exit` と入力します。

```
> :exit
```

Elmファイルをelm replから実行する

`elm repl` はプロジェクト内にあるElmファイルやインストールしたライブラリを読み込んで実行することもできます。ある程度、
大きなサンプルを試すには、Elmファイルに書いた内容を `elm repl` から実行しましょう。

`elm init` でプロジェクトを生成して `src/Main.elm` を用意します。

SAMPLE CODE src/Main.elm

```
module Main exposing (add, output)

output =
    "1 + 1 = " ++ String.fromInt (add 1 1)

add a b =
    a + b
```

詳細は後ほど説明しますが、ここには `output` 、`add` という2つの関数を宣言しています。これらの関数は `elm repl` で呼び出して挙動を確認することができます。

```
> import Main
> Main.output
"1 + 1 = 2" : String
> Main.add 3 5
8 : number
```

コメントの書き方

Elmでは複数の書き方でコメントを書くことができます。

```
import Html exposing (text)

-- 1行コメントです

{- これもコメントです -}

{-| ドキュメントのためのコメントです。関数の使い方の説明を書きます。

    view { flag = True }

-}
view model =
  div []
    [ text "Hello, world!"
```

```
-- 文中に1行コメントをつけます
-- (行末にコメントをつけることもできますがelm-formatはあまり好まないようです)
, a [ href "#" ] [ text "TOP" ]
]
```

また、ドキュメントコメントはライブラリを外部に公開するときに必要になります。《ライブラリの公開》(p.255)で詳しく解説します。

COLUMN　elm replのその他の機能

わずかですが、REPLで使えるコマンドが用意されています。このヘルプは `:help` コマンドでいつでも確認できます。

```
:exit     REPL を終了する
:help     このヘルプを表示する
:reset    ここまでのすべてのインポートや変数の内容をクリアする
```

SECTION-006

基本文法ひとめぐり

まずは基本的な文法を一通り見ていきましょう。説明には `elm repl` を使っていますが、`elm make` など、他の方法で試しても構いません。また、ステップを踏んで学習するため、ここでは画面上に表示される型をいったんすべて無視します。一通り基本文法を確認した後、改めて型について解説します。

数値

数値や四則演算の書き方は、他のプログラミング言語とほとんど同じです。加減乗除はそれぞれ `+`、`-`、`*`、`/` を使います。

```
> 1 + 1
2

> 5 / 2
2.5
```

乗算・除算は、加算・減算よりも優先されます。優先させたい演算は明示的に括弧でくくります。

```
> 10 - 2.5 * 3
2.5

> (10 - 2.5) * 3
22.5
```

この他、累乗を求めるための `^` 、除算した結果の小数点以下を切り捨てる `//` が用意されています。

```
> 2 ^ 3
8

> 5 // 2
2
```

また、16進数での表記も可能です。

```
> 0xff
255
```

COLUMN 剰余を求めるには?

ちょっと意外ですが、剰余を求めるための `%` 演算子はありません。試してみましょう。

```
> 5 % 3
-- UNKNOWN OPERATOR ---------------------------------------------------------- elm

Elm does not use (%) as the remainder operator:

4|   5 % 3
       ^
If you want the behavior of (%) like in JavaScript, switch to:
<https://package.elm-lang.org/packages/elm/core/latest/Basics#remainderBy>

If you want modular arithmetic like in math, switch to:
<https://package.elm-lang.org/packages/elm/core/latest/Basics#modBy>

The difference is how things work when negative numbers are involved.
```

Elmのコンパイラは、こんな風にエラーの原因を懇切丁寧に解説してくれます。ここでは「JavaScriptの `%` と同じ挙動にしたいのであれば `remainderBy` という関数を使ってください」と書かれています。関数の説明はまだしていませんが、次のように書いて試すことができます。

```
> remainderBy 3 5
2
```

順番が逆転しているようにも見えますが、`remainderBy 3` で「3で割った余り」という言葉のつながりを意識すると間違えません。また、似た挙動をする関数 `modBy` も紹介されているので、興味があればリンク先にアクセスしてみましょう。Elmでは、サードパーティ製を含めたすべてのライブラリのすべての関数にドキュメントが書かれています!

文字列

文字列はダブルクオートで囲みます。

```
> "Hello, world!"
"Hello, world!"

> "Hello,\n world!"
"Hello,\n world!"
```

改行コードなどの制御文字を埋め込む場合にはバックスラッシュを使います(`\n`など)。ダブルクオートの中でダブルクオートを使うときも同様にします(`\"`)。バックスラッシュ自体を入力するときは`\\`とします。

文字列同士を連結するには`++`演算子を使います。

```
> "hello" ++ ", " ++ "world"
"hello, world"
```

Elmでは、数値同士を加算する`+`と文字列を結合する`++`は明確に区別されます。次の2つの例はいずれもコンパイルエラーになります。

```
> "hello" + ", " + "world"
(エラー)

> 8 ++ " years"
(エラー)
```

ダブルクオートを3つ連続にした`"""`で囲むと、コード上で見たままの文字列を作ることができます。文字列が複数行にまたがる場合や、ダブルクオートをそのまま入力したいときに使います。

```
> """one "two" three"""
"one \"two\" three"

> """\
| hello\
| world\
| """
"\n  hello\n  world\n  "
```

elm replでは`\`や`|`が表示されていますが、ファイルに書くときは必要ありません。

Ⅲ 文字

シングルクオートを使って単一の文字を表すこともできます。

```
> 'a'
'a'

> '\n'
'\n'

> 'foo'
(エラー)
```

頻度は高くありませんが、1文字ずつ処理するときに必要になります。

Ⅲ 真理値

真理値は真を表す `True` と、偽を表す `False` の2つの値からなります。

```
> True
True

> False
False
```

否定するには `not` を使います。

```
> not True
False

> not False
True
```

AND演算とOR演算は、それぞれ `&&` 演算子と `||` 演算子を使用します。

```
> True && False
False

> True || False
True
```

`&&` 演算子は `||` 演算子よりも優先されます。

値の比較

比較演算子も他の言語とほぼ同じものが定義されています。ただし、「同一でない」という判定は `!=` ではなく `/=` で行います（`/=` は `≠` 記号を表しています）。

```
> 1 > 2
False

> 10 >= 10
True

> "foo" == "foo"
True

> "foo" /= "foo"
False
```

なお、型の違う値同士を比較することはできません。コンパイルエラーになります。

```
> 1 == "1"
(エラー)
```

関数適用

Elmでは、次のように半角スペースで区切って関数適用（関数呼び出し）を表します。

```
関数 引数 引数 ...
```

たとえば、組み込み関数の `max` を使うには、次のようにします。

```
> max 2 1
2
```

これは、`max` 関数の第1引数に `2` 、第2引数に `1` を渡しているという意味です。JavaScriptなら `max(2, 1)` と書いているのと同じですが、多くの言語とは違って括弧は必要ありません。

関数の適用は演算子よりも優先されます。

```
> 1 + max 2 1 + 3
6
```

これは `1 + (max 2 1) + 3` と書くのと同じです。

関数を定義する

次に、新しい関数を自分で定義してみましょう。関数を定義するには、次のように書きます。

```
関数名 引数 引数 ... = 式
```

たとえば、「与えられた数 `n` が負であるかどうかを判定する」関数 `isNegative` を定義するには、次のようにします。

```
> isNegative n = n < 0
<function>
```

これはJavaScriptなら `function isNagative(n) { return n < 0; }` と書いているのと同じです。

早速、定義した関数を使って確認してみます。

```
> isNegative 10
False

> isNegative -5.5
True
```

同名の関数を二度、宣言することはできません(elm-replでは上書きになりますが、ファイルに書いた場合はコンパイルエラーになります)。関数名は必ず小文字から始め、慣習としてキャメルケースにします。

```
getUserName -- OK

getUserName2 -- OK

get_user_name -- NG(スネークケースは推奨されません)

GetUserName -- NG(これは関数ではなく別の文法になります)
```

複数の引数をとる関数も見ておきましょう。次の例は、与えられた文字列を結合してUrlを作る簡単な関数です。

```
> makeUrl scheme authority path = scheme ++ "://" ++ authority ++ path
<function>

> makeUrl "https" "example.com" "/index.html"
"https://example.com/index.html"
```

匿名関数

Elmでは名前を持たない関数を使うこともできます。これを**匿名関数**(anonymous function)と呼び、ラムダ記号(`λ`、`\`)を使って記述します。

```
\引数名 引数名 .. -> 式
```

```
> \n -> n < 0
<function>
```

これは、「`n`を受け取って`n < 0`を返す」匿名の関数を表しています。この関数を使うには次のようにします。

```
> (\n -> n < 0) -5.5
True
```

関数は匿名関数に名前を与えることによって定義することも可能です。次の2つはまったく同じように動作します。

```
> isNegative n = n < 0
<function>

> isNegative = \n -> n < 0
<function>
```

匿名関数が複数の引数を持つ場合は、それらを並べて次のように書きます。

```
> \a b -> a + b
<function>
```

部分適用

関数が複数の引数をとる場合、その一部のみに適用して新しい関数を作ることが可能です。まずは、次の3つの引数をとる関数を見てください。

```
> makeUrl scheme authority path = scheme ++ "://" ++ authority ++ path
<function>

> makeUrl "https" "example.com" "/index.html"
"https://example.com/index.html"
```

実のところ、Elmはこの関数を次のように解釈します。

```
((makeUrl "https") "example.com") "/index.html"
```

つまり、3つの引数を同時に渡しているわけではなく1つずつ順番に渡しているのです。

- makeUrl関数を"https"に適用して新しい関数(A)を返す
- 関数(A)を"example.com"に適用して新しい関数(B)を返す
- 関数(B)を"/index.html"に適用して得られた文字列を返す

このように、複数の引数のうち一部だけに関数を適用することを**部分適用**と呼びます。下記は、部分適用を使って新しい関数を定義する例です。

```
> makeSecureUrl = makeUrl "https" -- 最初の1つを渡す
<function>

> makeSecureUrl "example.com" "/index.html" -- 残りの2つを渡す
"https://example.com/index.html"

> makeLocalUrl = makeUrl "http" "localhost:3000" -- 最初の2つを渡す
<function>

> makeLocalUrl "/style.css" -- 残りの1つを渡す
"http://localhost:3000/style.css"
```

シャドーイングの禁止

Elmではシャドーイング(Shadowing)を禁止しています。シャドーイングとは、次のように同名の変数で外側の変数を隠すことです。

```
name = "Tom"

showName name = "My name is " ++ name
```

この例でいうと、`showName` 関数の中で `name` を使うと、それは外側ではなく内側の `name` を優先して使うというわけです。多くの言語ではそのような挙動を許しています。

一方、Elmでは、上記のコードはコンパイルエラーになります。なぜでしょうか?　公式の説明によると、たとえば上記の2つ目のコードを次のように誤って変えたとしてもコンパイルが通ってしまうことを問題にしているようです。

```
showName firstName = "My name is " ++ name
```

本当は「firstName」でなければいけない

この例は短く作為的なものなので実感が湧かないかもしれませんが、もし数百行のコードの中にこの2行が埋もれていたら、発見にものすごく時間がかかってしまうでしょう。だから最初から禁止しておこう、というわけです。

詳しくは次のドキュメントを参考にしてください。

URL https://elm-lang.org/0.19.0/shadowing

演算子

中置演算子は関数としても使うことができます。次の2つの式は同じ意味です。

```
> 1 + 2
3

> (+) 1 2
3
```

つまり、`+` 演算子は、関数として使う場合には `(+) 左の項 右の項` となります。関数として使う場合には記号を括弧でくくる必要があります。

```
> (&&) True False
False
```

部分適用もできます。

```
> x10 = (*) 10
<function>

> x10 5
50
```

if式

条件分岐には `if` 式を使います。

```
if 条件式 then 真の場合 else 偽の場合
```

Elmでは `if () { ... }` のように括弧を使う必要はありません。

```
> if True then "Hello" else "Bye"
"Hello"
```

`if ~ then ~ else` はセットで1つの式になります。言い方を変えると、値を返せるということです（JavaScriptでは `?` 演算子が同じ役割を担っています）。

```
> message = if True then "Hello" else "Goodbye"
"Hello"

> message = (if True then "Hello" else "Goodbye") ++ ", World!"
"Hello, World!"
```

`then ~` と `else ~` は必ず同じ型の値を返す必要があります。

```
> a = if True then 10 else "5"
(エラー)
```

else 部分を省略することはできません。つまり次のようには書けません。

```
// JavaScript で「値が正なら +1 する」処理
if(value > 0) {
  value = value + 1
}
```

Elmで書き直すには次のようにする必要があります。

```
> old = 10
10

> new = if old > 0 then old + 1 else old
11
```

複数の条件を順に判定する場合は、次のように else if でつなげます(読みやすさのために行末の \ を省略しています)。

```
> fizzBuzz n =
    if remainderBy 15 n == 0 then
      "FizzBuzz"
    else if remainderBy 3 n == 0 then
      "Fizz"
    else if remainderBy 5 n == 0 then
      "Buzz"
    else
      String.fromInt n
<function>

> fizzBuzz 10
"Buzz"
```

実際には else if という文法はなく、単に複数の if ... then ... else の組み合わせです。上記の例は、括弧を使って次のように書いているのと同じです。

```
fizzBuzz n =
  if remainderBy 15 n == 0 then
    "FizzBuzz"
  else (if remainderBy 3 n == 0 then
    "Fizz"
  else (if remainderBy 5 n == 0 then
    "Buzz"
  else
    String.fromInt n))
```

let式

関数の実装中に一時的な変数が必要になる場合、`let` 式（`let ... in ...`）を使います。次のように、`let` で生成したスコープの中に変数を宣言し、最終的に `in` で値を返します。

```
> let a = 1 in a + 2
3
```

`a` は一時的な値なので、`let ... in` のスコープの外で使用することはできません。

```
> a
(エラー)
```

`let` と `in` の間には複数の変数を宣言することができます（複数の行にする必要があります）。

```
> let
    a = 1
    b = 2
    f x y = x + y
  in
    f a b
3
```

`let` 式は長い関数を定義するときに頻繁に使われます。

```
> message hour userName =
    let
      greeting =
        if hour < 12 then
          "Good morning"
        else if hour < 18 then
          "Good afternoon"
        else
          "Good evening"
    in
      greeting ++ ", " ++ userName ++ "!"
<function>
```

`let ... in ...` も `if ... then ... else ...` と同じくブロック全体で式になります。つまり、式全体をそのまま関数に渡したりといったことが可能です。

```
> max (let a = 1 in a + 1) (let b = 2 in b + 1)
3
```

リスト

リストは同じ型の複数の要素を保持するデータ構造です。

```
> [1,2,3]
[1,2,3]

> ["Hello", "World"]
["Hello", "World"]

> [] -- 空のリスト
[]
```

異なる型のデータを混ぜたリストは作れません。次の例はコンパイルエラーになります。

```
> ["a", 1]
(エラー)
```

リスト同士を連結するときは、文字列の結合と同じく `++` 演算子を使います(演算子が同じ理由は、文字列が「文字のリスト」と見なせることに由来しています。しかし、Elmの文字列の内部実装にはJavaScriptの文字列がそのまま使われるため、実際にリスト相当の処理をしているわけではありません)。

```
> ["Hello", ", "] ++ ["World", "!"]
["Hello", ", ", "World", "!"]
```

リストは `::` 演算子を使って、新しい要素を「左側」に追加していくことができます。

```
> 1 :: [2, 3, 4]
[1,2,3,4]

> 1 :: 2 :: 3 :: []
[1,2,3]
```

`::` 演算子は右から順に結合されます。すなわち、`1 :: 2 :: 3 :: []` は、`(1 :: (2 :: (3 :: [])))` と解釈されます。また、新しい要素を「右側」に追加することはデータ構造の都合上できません。これについては、後ほど《リスト》(p.87)で詳しく解説します。

リストにはさまざまな関数が定義されています。

```
> List.length [1,2,3] -- 長さを取得する
3

> List.reverse [1,2,3] -- 逆順に並び替える
[3,2,1]

> List.map (\a -> a + 1) [1,2,3] -- それぞれの要素に関数を適用する
[2,3,4]
```

ここで List.length は「 List モジュールに定義された length 関数」を表しています(Elmでは List.length と String.length はそれぞれ別個に定義されたまったく異なるものです。そのため、リストの長さは List.length 、文字列の長さは String.length のように関数を使い分ける必要があります)。

モジュールについては、《モジュールとパッケージ》(p.98)で詳しく解説します。

タプル

タプルは「組」を表すデータ構造です。リストとは違い、異なる型を組にすることができます。

```
> (0, "a")
(0,"a")

> ("Hello", True, [1,2,3])
("Hello",True,[1,2,3])
```

タプルは次のように演算子 = の左辺で値を取り出すことができます。

```
> let
    (number, text) = (0, "a")
  in
    number
0
```

また、関数が引数にタプルをとる場合、次のようにして要素ごとに変数を割り当てることができます。

```
> getText (number, text) = text
<function>

> getText (0, "a")
"a"
```

要素が2つのタプルに限っては、組み込み関数の Tuple.first と Tuple.second を使って値を取り出すこともできます。

```
> Tuple.first (0, "a")
0

> Tuple.second (0, "a")
"a"
```

要素が2つのタプルは Tuple.pair 関数で生成することもできます。

```
> Tuple.pair 0 "a"
(0, "a")
```

ところでタプルの要素数の上限は**3個**に制限されています。これはタプルがあくまで一時的に値を組にする用途を想定した機能だからです。たとえば、次のようにユーザーのデータを表したとしましょう。

```
> person = (1, "Alice", "alice@example.com")
```

この `person` を使うにはIDが1番目、名前が2番目、メールアドレスが3番目であることを覚えていなければなりません。このようなデータを表すのにタプルは不向きです。その代わりに次に紹介するレコードを使うようにしてください。

レコード

レコードは、名前つきのフィールドを持つデータ構造です。先ほどタプルで表現したデータを今度はレコードを使って表現してみましょう。

```
> user = { id = 1, name = "Alice" }
{ id = 1, name = "Alice" }

> user.id
1

> user.name
"Alice"
```

タプルの場合よりもずっと読みやすくなっているのがわかります。

また、レコードの一部の値を更新して新しいレコードを作るには、次のように書きます。先ほどの `user` の `name` フィールドを上書きしてみましょう。

```
> newUser = { user | name = "ALICE" }
{ id = 1, name = "ALICE" }
```

ここで注意すべきことは、最初の `user` のデータは変更されていないということです。確かめてみましょう。

```
> user
{ id = 1, name = "Alice" }

> newUser
{ id = 1, name = "ALICE" }
```

Elmでは、**すべてのデータがイミュータブル(不変、Immutable)**です。言い換えると、一度、作った値の中身を後から変更することはできないということです。関数にデータを渡したらその一部が書き換わってしまった、といったことは起こり得ません。

ところで、レコードの各値は `.フィールド名` という関数によってもアクセス可能です。

```
> .id user
1

> .name user
"Alice"

> List.map .name [ { id = 1, name = "Alice" }, { id = 2, name = "Bob" } ]
["Alice","Bob"]
```

レコードを使う上で、何点か注意があります。まず、更新によってフィールドの数を増やしたり減らしたりすることはできません。同じく、更新によってフィールドの型を変えることも許されていません。

また、JavaScriptのオブジェクトのように、文字列をキーにしてフィールドにアクセスしたり（`user["name"]`）、すべてのフィールド名を列挙することはできません（`Object.keys(user)`）。もしそのようなことをしたい場合には、後に解説するDictを使うなど別の方法を検討してください。

COLUMN 親切なエラーメッセージ

ここまでの解説で、コンパイルエラーが発生するケースは `(エラー)` と書いてきましたが、実際には次のようなメッセージが表示されます。次の例は、`if` の分岐がすべて同じ型を返さなかった場合のメッセージです。

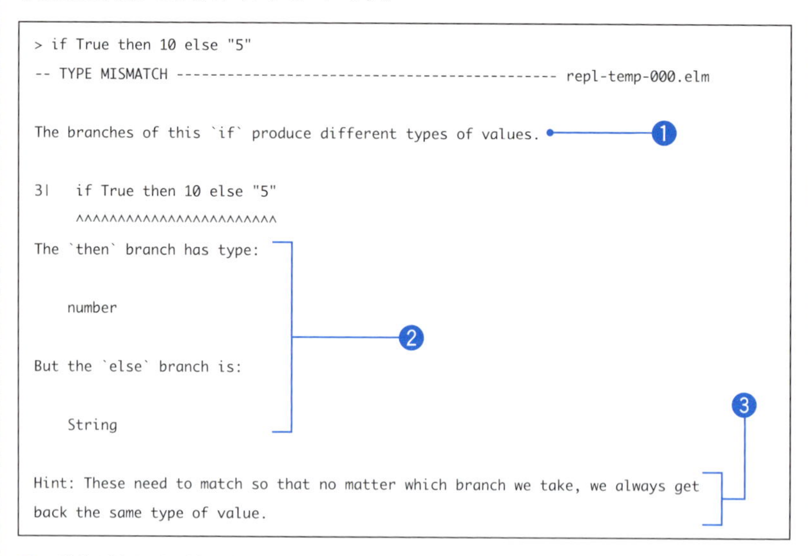

```
> if True then 10 else "5"
-- TYPE MISMATCH ------------------------------------------- repl-temp-000.elm

The branches of this `if` produce different types of values.

3|   if True then 10 else "5"
     ^^^^^^^^^^^^^^^^^^^^^^^^
The `then` branch has type:

    number

But the `else` branch is:

    String

Hint: These need to match so that no matter which branch we take, we always get
back the same type of value.
```


❶ if分岐が違う型の値を生成しています。

❷ thenの分岐はnumber型ですが、elseの分岐はString型です。

❸ ヒント：どちらの分岐をとっても同じ型が得られるように、これらの型を一致させる必要があります。

Elmはプログラミング初心者にとってもわかりやすいエラーメッセージの生成に特に力を入れています。開発中は頻繁にコンパイルエラーが発生しますが、親切なエラーメッセージが大きな助けになるでしょう。

COLUMN コーディングスタイルについて

elm-formatを使ってファイルにコードを書いていると、いくつか特徴的なスタイルに整形されていることに気づくと思います。そのうちの多くは「コードの変更差分を最小にする」という一貫した目的のために行われています。

たとえば、次のように `->` を揃えると整って見えます。

```
-- 悪い
evaluate boolean =
  case boolean of
    Literal bool -> bool
    Not b        -> not (eval b)
    And b b_     -> eval b && eval b_
    Or b b_      -> eval b || eval b_
```

しかし、途中で `Literal bool` ではなく `Literal b` に変えたくなったらどうなるでしょう。関係ない他の分岐まで変更が入ってしまいます。

```
 evaluate boolean =
   case boolean of
-    Literal bool -> bool
-    Not b        -> not (eval b)
-    And b b_     -> eval b && eval b_
-    Or b b_      -> eval b || eval b_
+    Literal b -> b
+    Not b     -> not (eval b)
+    And b b_  -> eval b && eval b_
+    Or b b_   -> eval b || eval b_
```

この程度なら大丈夫ですが、100行近くになったときには実際の差分を見つけるのが大変です。縦のラインを揃えるのをやめて字下げすることでこの問題を解消できます。

```
-- 良い
evaluate boolean =
  case boolean of
    Literal bool ->
        bool

    Not b ->
        not (evaluate b)

    And b b_ ->
        evaluate b && evaluate b_

    Or b b_ ->
        evaluate b || evaluate b_
```

なお、これらの思想については公式のスタイルガイドにも書かれています。「なぜこのスタイルなのだろう?」と気になることがあれば参照してください。

URL https://elm-lang.org/docs/style-guide

型を読む

Elmは強い静的型つき言語です。静的な型システムはデータや関数を正しく扱い、安全なプログラミングを行うために重要なものです。ところが、型が読めないとせっかくの有用な情報もただの行く手を阻む障害になってしまいます。あらゆる関数は型を見なければ使い方がわかりませんし、コンパイルエラーもほとんどは型に関するものなので、理解していないと先に進むことができません。

しかし、ひとたび型の読み方を習得したならば、視界は一気にクリアになり、型を通して多くを理解できるようになるでしょう。この章を読み終わるころには、APIドキュメントのあらゆる型が「読める...読めるぞ!」という状態になっていることを期待しています。

基本的なデータの型

最も基本的なデータの型を下表に示します。

データの種類	型	例
整数	Int	1
小数	Float	2.0
文字	Char	'a'
文字列	String	"Hello"
真理値	Bool	True、False

型の名前は大文字で始まるキャメルケースで表されます。

`elm repl` でいくつか確認してみましょう(ここからは型つきで表示します)。

```
> "hello"
"hello" : String

> 3.14
3.14 : Float

> 3
3 : number
```

最初の2つはよさそうですが、最後だけは予想に反して `Int` ではなく `number` と出ていますね。簡単に説明すると、`3` という表記は、`Int` と `Float` のどちらとしても使えるので `number` というより一般的な型であると判定されているのです。詳細な説明は53ページの「制約つきの型変数」で改めてすることにします。

関数の型

関数の型も見てみましょう。

```
> String.length
<function> : String -> Int
```

`String -> Int` は、「`String` 型の値を引数にとり、`Int` 型の値を返す」ことを示しています。

今度は引数が2つの場合を見てみます。

```
> String.repeat
<function> : Int -> String -> String
```

`Int -> String -> String` は、「1つ目に `Int`、2つ目に `String` を受け取って `String` を返す」ことを示しています。

より一般的には次のようになります。

```
引数の型 -> 引数の型 -> ... -> 結果の型
```

前節の「部分適用」(39ページ)で触れたように、複数の引数は1つずつ関数に渡されます。たとえば、`Int -> String -> String` は実際には次のように解釈されます。

```
Int -> (String -> (String))
```

次の例は、部分適用によって左から1つずつ引数が消費されていることを示しています。

```
String.repeat
<function> : Int -> String -> String

repeatTwice = String.repeat 2
<function> : String -> String

repeatTwice "Yo!"
"Yo!Yo!" : String
```

ところで、自作した関数の型もelm replは正しく表示してくれるでしょうか？　試してみましょう。

```
> f a = if a then "yes" else "no"
<function> : Bool -> String
```

関数の型は・・・意図通りに表示されていますね？　引数と戻り値の型をこちらが何も指示していないにもかかわらず、です。これは**型推論**によるものです。コンパイラが関数の実装から関数の型を導出しているのです。

型変数

組み込み関数の中には、少し風変わりなものがあります。たとえば、identity は「与えられた引数を何もせずにそのまま返す」関数です。

```
> identity 1
1 : Int

> identity "Hey"
"Hey" : String
```

この関数が何の役に立つのかはここでは置いておきましょう。注目すべきは型です。

```
> identity
<function> : a -> a
```

この小文字の a は特定の型ではなく、任意の型を当てはめられることを示しています。たとえば、a に Int を当てはめれば Int -> Int になり、String を当てはめれば String -> String になります。これを**型変数**と呼びます。型変数は、小文字から始まるキャメルケースで好きな名前をつけることができます。

もう1つ例を見てみましょう。次の例は、「引数が何であろうと決まった値を返す」関数を作る always 関数です。

```
> doYouLike = always "Yes!"
<function> : b -> String

> doYouLike "elm"
"Yes!" : String

> doYouLike 139
"Yes!" : String
```

ここで作った doYouLike は、何をいわれても "Yes!" と答える関数です。 always の型はどうなっているのでしょうか。

```
> always
<function> : a -> b -> a
```

この関数は、a 、b という2つの独立した型変数を持っています。上記の例では always に "Yes" を渡しているので、a に String を当てはめると String -> b -> String になります。また、部分適用によって生まれた doYouLike 関数の型は b -> String です。

b は型変数のまま、つまりは任意の型を代入可能ということです(上記の例で文字列と数値を代入しているのを確認してください)。

制約つきの型変数

いくつかの特別な型変数は、特定の性質を持った型のみを当てはめることができます。たとえば、`number`という型変数が許容するのは「数値演算ができる型」である`Int`と`Float`のみです。このような制約を持った型変数は、下表の通りです。

型変数	性質	型の種類
number	数値計算や比較ができる	Int、Float
comparable	比較することができる	Int、Float、Char、String、またはそれらを要素に持つリストまたはタプル
appendable	値をつなげることができる	String、List a
compappend	値を比較することができ、かつ、つなげることができる	String、List a

実のところ、制約つきの型変数はこれですべてです。ユーザーが新しく定義することはできません。具体的な例は、演算子の定義に多く見られます。

```
> (+)
<function> : number -> number -> number

> (>)
<function> : comparable -> comparable -> Bool

> (++)
<function> : appendable -> appendable -> appendable
```

試してみましょう。比較演算子`(>) : comparable -> comparable -> Bool`は比較可能(`comparable`)な型のみに適用することができます。

```
> 4 > 1
True : Bool

> "b" > "a"
True : Bool

> { a = 1 } > { a = 2 }
(エラー)
```

また、一般の型変数と同様に`(>) : comparable -> comparable -> Bool`の最初の`comparable`と2番目の`comparable`は同じ名前なので同じ型でなければなりません。たとえば、次のように別の型同士で比較することはできません。

```
> "a" > 2
(エラー)
```

また、同じ制約を持つ別の型変数が同時に必要になった場合は、`comparable1`、`comparable2`、…のように型変数名の末尾に数字をつけることで区別することができます。

COLUMN すべての型に共通の性質

Elmではすべての型について、次の操作を行うことができます。

- デバッグ用の文字列を表示する
- 値が同一であることを確かめる

たとえば、Haskell言語ではそれぞれ `Show` 、`Eq` と明示しなければいけませんが、Elmでは特に何も書かなくてもこれらの機能を使うことができます。

```
> Debug.toString { id = 1 }
"{ id = 1 }" : String

> { id = 1 } == { id = 2 }
False : Bool
```

リスト

リストの型は `List a` で表します。 `a` は型変数で、任意の型を当てはめることができます。いくつか例を見てみましょう。

```
> [ "Alice", "Bob" ]
[ "Alice", "Bob" ] : List String

> [ 1.0, 8.6, 42.1 ]
[ 1.0, 8.6, 42.1 ] : List Float

> []
[] : List a
```

`List String` は「 `String` 型の要素を格納するリスト」、`List Float` は「 `Float` 型の要素を格納するリスト」をそれぞれ示しています。空のリストは要素の型が決まらないため、`a` は型変数のままになっています。

リストを扱う関数は特に型変数を多用するので、慣れておきましょう。次の例では、`List.map` 関数を使って、数値のリスト(`List Int`)を文字列のリスト(`List String`)に変換しています。

```
> List.map
<function> : (a -> b) -> List a -> List b

> List.map String.fromInt [1,2,3]
["1","2","3"] : List String
```

aにInt、bにStringを当てはめれば、すべて辻褄が合うことが確認できると思います。左から順に評価されることを考えると、実際にはString.fromInt : Int -> Stringを渡した結果、残りの型がList Int -> List Stringに決まったと考えるのがより自然です。

※用語としては「List a」の「List」の部分を「型コンストラクタ」、「a」の部分を「型パラメータ」と呼ぶのがより正確ですが、Elm公式のドキュメントにそのような記述は見られないため、ここでは簡単に「型変数」としています。

タプル

タプルの型は、括弧(())とカンマ(,)を使って表現します。

```
> (50.0, 13.5)
(50.0, 13.5) : (Float, Float)


> (1, 19, "Thu")
(1, 19, "Thu") : (number, number, String)
```

タプルの型もやはり型変数を使って表すことができます。

```
> Tuple.first
<function> : (a, b) -> a

> Tuple.first ("Hello", "World")
"Hello" : String

> Tuple.pair
<function> : a -> b -> (a, b)

> Tuple.pair "Hello" "World"
("Hello", "World") : (String, String)
```

レコード

レコードの型は、波括弧({})とカンマ(,)を使って表現します。

```
> { id = 1, name = "Alice" }
{ id : number, name : String }
```

{ id : number, name : String }は文字通り、id : numberとname : Stringという2つのフィールドを持っているという意味です。しかし、実際にコードを書くときには毎回、レコードの型を{ ... }のように波括弧で書くことはまれです。代わりにtype alias構文を使ってわかりやすい別名をつけます(type aliasについては次節で詳しく説明します)。

```
type alias User = { id : Int, name : String }
```

COLUMN 型の変換

Elmでは暗黙的に型が変換(キャスト)されることはありません。型の変換はすべて関数を使って行います。

```
> "/articles/" ++ 1 ++ "/settings"
(エラー)

> "/articles/" ++ String.fromInt 1 ++ "/settings"
"/articles/1/settings" : String
```

参考までに、主な型変換用の関数は次の通りです。

関数	変換前の型	変換後の型	説明
Debug.toString	任意の型	String	任意の型を文字列に変換する
round	Float	Int	小数点以下を四捨五入する
floor	Float	Int	小数点以下を切り捨てる
ceiling	Float	Int	小数点以下を切り上げる
truncate	Float	Int	小数点以下を0に近づくように丸めこむ
toFloat	Int	Float	整数を小数に変換する
String.fromInt	Int	String	整数を文字列に変換する
String.fromFloat	Float	String	小数を文字列に変換する
String.toInt	String	Maybe Int	文字列を整数に変換する
String.toFloat	String	Maybe Float	文字列を小数に変換する

最後の2つは、失敗する可能性のある変換です。詳しくは、《Maybe》(p.84)を参照してください。

```
> String.toInt "1"
Just 1 -- 成功時

> String.toInt "Hey"
Nothing -- 失敗時
```

APIドキュメントを読む

型が読めるようになると、APIドキュメントがすらすらと理解できるようになります。下記のサイトから、ElmのライブラリのAPIドキュメントをすべて閲覧することができます。

URL https://package.elm-lang.org

最初のうちは下記のページに書かれているコアライブラリのAPIを特によく閲覧することになるでしょう(右のメニューにリンクがあります)。

URL https://package.elm-lang.org/packages/elm/core/latest

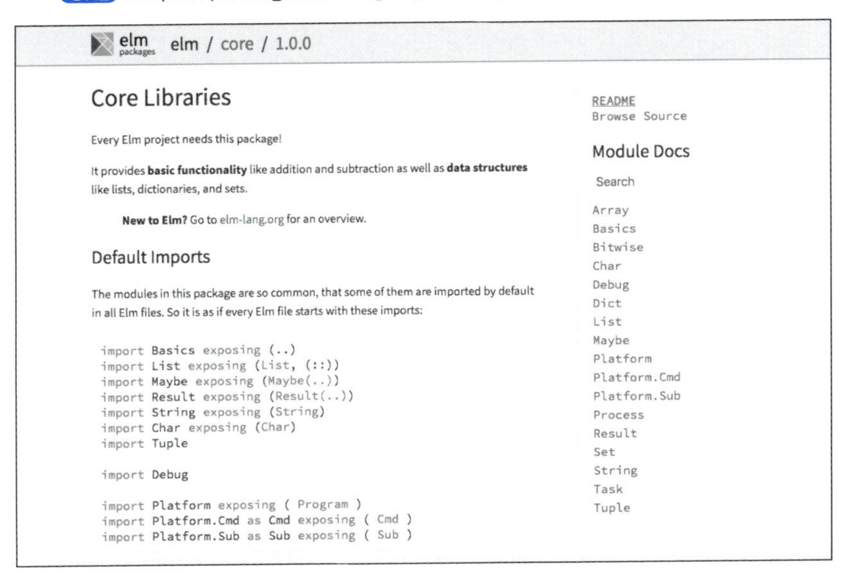

画面の右に表示されているのは、モジュールの一覧です。ここまでの説明に登場した関数は、Basics、Char、String、List、Tupleから見ることができます。

型は非常に優れたドキュメントの一部です。慣れてくると関数の型を見ただけで瞬時に大まかな使い方を理解できるようになります。

型を書く

前節の最後で触れたように、型は優れたドキュメントです。もちろん強力な型推論によってコンパイラは正しく型を解釈することができますが、型がまったく書かれていないコードを読むのは人間にとって優しくありません。また、適切に型を記述するとコンパイラがより良いエラーメッセージを表示できるようになります。

ここでは、コード中に明示的に型を書く方法を説明します。`elm repl` の逐次実行だけで試すのは難しいので、ファイルに書いて実行してください。

型注釈

関数の型を明示するには、次のように関数のすぐ上に型を併記します。これを**型注釈**(Type annotation)といいます(または型シグニチャともいいます)。

```
output : String
output = "1 + 1 = " ++ String.fromInt (add 1 1)

add : Int -> Int -> Int
add a b = a + b
```

宣言した型と実装内容が合わない場合はコンパイルエラーになります。

```
-- コンパイルエラー
output : String
output = "1 + 1 = " ++ add 1 1
```

ところで、強力な型推論があるにもかかわらず、人の手で型を記述するのはなぜでしょう?

実際のところ、上記の例も型を記述しなくてもまったく問題なく動きます。しかし、間違った実装から間違った型が推論されてしまい、かえって混乱してしまうことがあります。たとえば、次の例を見てください。

```
message = join "Hello" ", " "World"

join a b c =
  a + b + c
```

`join` 関数の意図としては文字列を結合したいのですが、誤って `++` の代わりに `+` 演算子を使っています。これをコンパイルすると、次のようにエラーが表示されます。

```
-- TYPE MISMATCH --------------------------------------------------- src/Main.elm

The 1st argument to `join` is not what I expect:

5|     join "Hello" ", " "World"
            ^^^^^^^
This argument is a string of type:

    String

But `join` needs the 1st argument to be:

    number

Hint: Try using String.toInt to convert it to an integer?
```

「joinの最初の引数にはStringが渡されている、しかし第1引数はnumberである必要がある」という旨のメッセージが表示されています。コンパイラはjoin関数の「使い方」が間違っていると怒っていますが、間違っているのはjoin関数の「実装」の方です。しかしその事実を知っているのは人間だけですから、型注釈を添えてコンパイラを助けてあげましょう。

```
path = join "Hello" ", " "World"

join : String -> String -> String -> String
join a b c =
  a + b + c
```

再度、コンパイルしてエラーを見てみます。

```
-- TYPE MISMATCH --------------------------------------------------- src/Main.elm

I cannot do addition with String values like this one:

10|     a + b + c
        ^
The (+) operator only works with Int and Float values.

Hint: Switch to the (++) operator to append strings!
```

今度は、先ほどより良いエラーメッセージが出ています。「文字列を足し算することはできません」「ヒント：Stringを結合するときは + ではなく ++ を使うように」と書いてありますね。

一般的に、**トップレベルの関数にはすべて型を書く**のは良い習慣です。コンパイラを助けるのも1つの理由ですが、コードを読む他の人にとってもその方がわかりやすいからです。

型に別名をつける(type alias)

コードの読みやすさを上げるために、**型の別名**(type alias)をつけることができます。たとえば、次のような関数を考えます。

```
isValid : { id : Int, name : String, image : String } -> Bool
isValid user =
  String.length user.name > 0
```

この `{ id : Int, name : String, image : String }` というレコードは何を表しているのでしょうか? 実装を読む限りでは「ユーザー」を表す型のようですが、はじめて読む人にとってはわかりにくいでしょう。そこで、次のようにして `User` という別名をつけることができます。

```
type alias User =
  { id : Int
  , name : String
  , image : String
  }

isValid : User -> Bool
isValid user =
  String.length user.name > 0
```

これで、先ほどよりも意図のわかりやすい記述になりました。基本的にデータを表すレコードはすべて `type alias` を使って表現するのがよいでしょう。後の機能追加で `mail : String` などのフィールドが増えたとしても、この関数を書き直す必要はなくなります。

さらに、レコードに対して `type alias` を使った場合はもう1つの恩恵があります。レコードを生成するための関数が自動的に生成されるのです。

```
-- コンパイラが暗黙に生成する関数
User : Int -> String -> String -> User
```

これによって、次のようにして `User` 型の値を作ることができます。

```
user : User
user = User 1 "Taro" "1.png"
```

`type alias` の用途はレコードに限りません。上記の例では `id` の型を `Int` としていますが、これに `UserId` という別名をつけることもできます。

```
type alias UserId = Int
```

ユーザーのIDは一意に識別できればいいわけですから、必ずしも数値である必要はなく文字列でも何でも構いません。仮に `UserId` としておいて、後から「連番にしたいから `Int` 」「UUIDにしたいから `String` 」などと実装を変えることもできます。

ところで、`type alias`はあくまで別名であるため、実体は元の型のままです。`UserId`と表記されていても`Int`であることに代わりはありません。

```
generateNewId : UserId -> UserId
generateNewId lastId = lastId + 1 -- 可能

generateNewId 1 -- 可能
```


COLUMN パラメータつきのレコード

レコードの型が出てきたついでに少し詳細な仕様にも触れておきます。

まず、レコードのフィールドは過不足があってはいけません。次の例はコンパイルエラーです。

```
example : Int
example =
    getId { id = 1, title = "Introduction" }

getId : { id : Int } -> Int
getId something =
    something.id
```

引数のレコードが`title`という余計なフィールドを持っているためです。これを許したい場合は次のようにします。

```
getId : { a | id : Int } -> Int
getId something =
    something.id
```

`{ a | id : Int }`の`a`は`id`以外の任意のフィールドを持つレコードを表しています。また、`type alias`を使って、次のように表すこともできます。

```
type alias HasId a =
    { a | id : Int }

type alias User =
    HasId { name : String }

type alias Article =
    HasId { title : String }
```

このように書くことは可能ですが、実際にデータをこのように表すことは少ないと思います。どちらかというと、この仕様は手で型を書くよりも`.id`のような関数を使うときに影で活躍することの方が多いです。

```
<function> : { b | id : a } -> a


> \record -> String.fromInt record.id
<function> : { a | id : Int } -> String
```


COLUMN フィールドの更新でレコードの型を変えることはできない

フィールドの更新でレコードの型を変えることはできません。次の例は、それぞれ1行目がコンパイルエラー、2行目が代わりの実装です。

```
addTitle : { id : Int } -> { id : Int, title : String }
addTitle something =
    -- { something | title = "Title" } -- エラー
    { id = something.id, title = "Title" }


changeIdType : { id : Int, title : String } -> { id : String, title : String }
changeIdType something =
    -- { something | id = String.fromInt something.id } -- エラー
    { id = String.fromInt something.id, title = something.title }
```

カスタム型とパターンマッチ

カスタム型はさまざまなデータ構造を簡潔に表すことのできる便利な型です。JavaScriptなどの他の言語ではあまり馴染みがないかもしれませんが、非常に重要な文法の1つなので、ぜひ、マスターしておきましょう。

ちなみに、Elm 0.18まではunion type(ユニオン型)と呼ばれていましたが、0.19でcustom type(カスタム型)と改称されました。

シンプルな値の列挙

最も簡単なカスタム型の例は、考えうるすべての値を列挙したものです。他の言語では「enum(列挙型)」と呼ばれていることもあります。

たとえば、次のようにして曜日を表す `Day` 型を定義することができます。

```
-- `Day` 型の取りうる値は `Mon`, `Tue`, `Wed`, `Thu`, `Fri`, `Sat`, `Sun` のいずれかです
type Day = Mon | Tue | Wed | Thu | Fri | Sat | Sun
```

それぞれの値はバリアント(Variant)と呼ばれます。バリアント名は大文字から始まるキャメルケースにします。

列挙された値は、他の型の値と同じように使うことができます。

```
firstDay : Day
firstDay = Mon

weekDay : List Day
weekDay = [ Mon, Tue, Wed, Thu, Fri ]
```

最初は混乱する人が多いのですが、`Mon`、`Tue` などは「型」ではなく「値」なので注意してください。`Day` が `Int` に相当するものだとすれば、`Mon`、`Tue` は `1`、`2`、...に相当すると考えるとわかりやすいかもしれません。また、`Mon`、`Tue` などはあらかじめどこかで宣言されているわけではなく、まさに今ここではじめて定義された値です。

case式を用いたパターンマッチ

カスタム型の値は `case` 式(`case ... of ...`)を使って分岐することができます。これを特に**パターンマッチ(Pattern Matching)**と呼びます。

次の例は、最もシンプルなパターンマッチです。

```
type Lang = En | Ja | Fr

hello : Lang -> String
hello lang =
  case lang of
```

```
    En -> "Hello"
    Ja -> "こんにちは"
    Fr -> "Bonjour"

hello En -- "hello"
```

`case ... of ...` は `if` や `let` と同じく、ブロック全体で1つの式です（つまり、値を返します）。また、すべての分岐は同じ型の値を返さなければなりません。

もし、分岐がすべてのケースを網羅できていない場合は、コンパイルエラーになります。

```
type Lang = En | Ja | Fr

-- Fr(フランス語)がないのでコンパイルエラー
hello : Lang -> String
hello lang =
  case lang of
    En -> "Hello"
    Ja -> "こんにちは"
```

ところで、この例では単に `if lang == En then ...` のように `if` を使っても分岐することができそうです。

```
hello : Lang -> String
hello lang =
  if lang == En then
    "Hello"
  else if lang == Ja then
    "こんにちは"
  else
    "Bonjour"
```

ただし、最後の `else` は少し危険です。もし後にイギリスを追加したとしてもコンパイラは警告を出しませんから、そのまま `"Bonjour"` と表示してしまうかもしれません。カスタム型の網羅性を利用することで、より安全性を高めることができます。

値を保持するカスタム型とその分岐

カスタム型は単に値を列挙できるだけではありません。それぞれのバリアントに別の値を持たせることもできます。

例を考えてみましょう。あるWebページを訪れるユーザーを「ログイン中のユーザー」か「匿名のゲスト」のどちらかであると仮定します。ログイン中のユーザーはアカウント（名前）を持っていますが、それ以外はゲストであることがわかれば十分としましょう。この仕様をそのまま `User` という型で表してみましょう。

```
type User
  = LoggedIn String -- ログイン中のユーザー
  | Guest           -- ゲスト
```

ログイン中のユーザーは String 型の名前を持っています。一方、ゲストの方は何も持っていません。具体的にユーザーを作るには次のように記述します。

```
user1 : User
user1 = LoggedIn "Taro"

user2 : User
user2 = LoggedIn "Hanako"

user3 : User
user3 = Guest
```

これらの値もやはりパターンマッチすることができます。たとえば、ログイン中のユーザーが存在する場合は「Hello, ○○.」(ようこそ○○さん)、ゲストの場合は「Please Login.」(ログインしてください)という文字列を返す関数は次のようになります。

```
message : User -> String
message user =
  case user of
    LoggedIn name ->
      "Hello, " ++ name ++ "."

    Guest ->
      "Please Login."


message user1 -- Hello, Taro.
message user2 -- Hello, Hanako.
message user3 -- Please Login
```

最初の分岐 LoggedIn name -> の name は保持していた String 型の値です。名前は文脈によって自由につけて構いません。

次に、カスタム型の値に2つの値を持たせてみましょう。先ほどの例に加えて、ユーザーが管理者権限を持っているかどうかを Bool で持つようにしています。

```
type User
  = LoggedIn Bool String -- ログイン中のユーザ(1つ目の値は管理者権限を持っているかどうか)
  | Guest                -- ゲスト

message : User -> String
message user =
  case user of
```

```
    LoggedIn isAdmin name ->
      if isAdmin then
        "Hello, " ++ name ++ "(Administrator)."
      else
        "Hello, " ++ name ++ "."

    Guest ->
      "Please Login."

message (LoggedIn True "Taro")     -- "Hello, Taro(Administrator)."
message (LoggedIn False "Hanako") -- "Hello, Hanako."
message Guest                      -- "Please Login."
```

カスタム型の宣言の仕方、値の作り方、パターンマッチともに先ほどとほぼ同じなので、迷うことはないと思います。しかし、パターンマッチの後でさらに `isAdmin` の分岐を行っているのが少し冗長にも感じます。そこで、次のようにして一度にパターンマッチを行うこともできます。

```
message : User -> String
message user =
  case user of
    LoggedIn True name ->
      "Hello, " ++ name ++ "(Administrator)."

    LoggedIn False name ->
      "Hello, " ++ name ++ "."

    Guest ->
      "Please Login."
```

コンストラクタ

整理してみましょう。カスタム型は、一般的に次のように宣言します。

```
type 型
  = コンストラクタ 型 型 ...
  | コンストラクタ 型 型 ...
  | コンストラクタ 型 型 ...
```

コンストラクタとは、上記の例の `LoggedIn` や `Guest` にあたる部分です（コンストラクタは**タグ**とも呼ばれています）。

コンストラクタはカスタム型を生成するための関数でもあります。`user = LoggedIn True "Taro"` のように書けるのは、`LoggedIn : Bool -> String -> User` という関数が暗黙に存在しているためです。

コンストラクタも通常の関数と同様に部分適用が可能です。

```
adminUser : String -> User
adminUser = LoggedIn True


admin = adminUser "Taro"


others = List.map (LoggedIn False) ["Hanako", "John"]
```

COLUMN　TypeScriptのユニオン型との違い

もし、TypeScriptに馴染んでいる読者であれば、Elmのカスタム型はユニオン型(union type)と似たものと考えるかもしれません。しかし、TypeScriptのユニオン型は異なる型同士を`number | string`のように宣言することを許可しているのに対し、Elmのカスタム型ではそれを許可していません。

たとえば、次のように宣言すると、エラーにはなりませんが非常に紛らわしい事態が起きます。

```
type Id
  = Int
  | String
```

これは`Id`型が`Int`、`String`という名前の「値」から成るという意味になり、意図通りではありません。正しくは、次のようにします。

```
type Id
  = IntId Int
  | StringId String
```

このように、Elmのカスタム型はすべてコンストラクタ(タグ)が必要なので「タグ付きのユニオン型(tagged union type)」と呼ばれることもあります。

ワイルドカード

パターンマッチはさまざまなバリエーションがあります。カスタム型に限らず、さまざまな場面で活用することができます。

次の例は、`Int`型の値を「1か2かそれ以外か」で分岐しています。

```
howMany number =
  case number of
    1 ->
      "one"

    2 ->
      "two"
```

```
      _ ->
        "many"
```

最後の分岐は**ワイルドカード**と呼ばれ、すべての値にマッチします。`_` の代わりに `x` のような変数名をつけることは可能ですが、使わないことを明示するために `_` としておくのが通例です。

ワイルドカードは必ず最後のパターンにする必要があります。`case` 式は上から順番に判定するため、途中にワイルドカードを入れるとそれ以降にマッチしなくなるためです。

```
{- コンパイルエラー -}
howMany number =
  case number of
    _ ->
      "many"

    1 ->
      "one"

    2 ->
      "two"
```

これはコンパイルエラーになります。Elmのコンパイラはパターンが網羅しているかどうかだけではなく、冗長であるかどうかもチェックしているのです。

タプル

タプルもパターンマッチすることができます。

```
adoption =
  case (functional, staticType) of
    (True, True) ->
      "Yes!"

    (False, False) ->
      "No..."

    _ ->
      "I don't know."
```

このように2つの変数をその場で組み合わせてパターンマッチするのは頻出のテクニックなので覚えておくと便利です。

リスト

リストもいくつかの方法でパターンマッチすることができます。

まず、`::` を使って先頭要素とそれ以外のリストに分ける方法です。

```
case list of
  [] ->
    "Empty"

  first :: rest ->
    "The first value is " ++ first ++ "."
```

上記のコードは次のような処理になります。

- 「list == []」の場合は、最初の分岐に入る。
- 「list == [1]」の場合は、2つ目の分岐に入り、「first」が「1」、「rest」が「[]」になる。
- 「list == [1,2,3,4]」の場合も、2つ目の分岐に入り、「first」が「1」、「rest」が「[2,3,4]」になる。

また、`::` を複数つなげて `first :: second :: third :: rest ->` のようにすることもできます。

次に、`[a,b,c]` のようなパターンも使用可能です。

```
case list of
  [] ->
    "Empty"

  [a] ->
    "Just one value: " ++ a

  [a, b] ->
    "Just two values: " ++ a ++ " and " ++ b

  _ ->
    "More than two values"
```

case式以外のパターンマッチ

今まではパターンマッチを単に分岐のための文法として紹介してきましたが、それ以外にも関数の引数や `let` 式の中でも値を分解して取り出すことができます。

```
getYear : (Int, Int) -> Int
getYear (year, month) =
  year


getFullName : { id : Int, firstName : String, lastName : String } -> String
getFullName { firstName, lastName } =
  firstName ++ " " ++ lastName
```

これらはパターンが1種類に絞れるときに限って可能です。逆に、リストや複数の値があるカスタム型(後述のMaybeなど)ではパターンが1種類に絞れないため、使うことができません。

```
{- エラー -}
getFirst : List a -> a
getFirst (first :: _) =
  first
```

カスタム型でも値が1つならば、引数を分解可能です。

```
type MyType =
  MyValue String

getValue : MyType -> String
getValue (MyValue value) =
  value
```

COLUMN 身近なカスタム型

少し視点を変えて今までに登場した型をカスタム型を使って捉え直してみましょう。

まず、下記はBasicsモジュールに宣言されているBool型の定義です。

```
type Bool
  = True
  | False
```

Bool型の `True` 、`False` の先頭が大文字なのは、それぞれがコンストラクタだからです。

タプルを `type` で定義するとしたらどうなるでしょうか? 自前のタプルを作ってみましょう。

```
type Tuple a b
  = Tuple a b

myTuple : Tuple a b
myTuple = Tuple 1 "a"

originalTuple : (a, b)
originalTuple = Tuple.pair 1 "a"
```

`Tuple a b` を脳内で `(a, b)` に変換して読めば、普通のタプルとまったく同様に使うことができます。

リストも同様に自作することができます。

```
type MyList a
  = Nil                  -- 空リスト
  | Cons a (MyList a)    -- 先頭の値と残りのリストからなるリスト

myHead : MyList a -> Maybe a
myHead list =
  case list of
    Nil -> Nothing
    Cons first _ -> Just first

originalHead : List a -> Maybe a
originalHead list =
  case list of
    [] -> Nothing
    first :: _ -> Just first
```

`Nil` と `Cons` はそれぞれ `[]` と `::` を表す専用の名前です。つまり、`[]` と `::` はList型のためのコンストラクタなのです。

SECTION-010

演算子とパイプ

ここでは、演算子についてもう少し掘り下げてみます。また、Elmを読み書きする上で必修科目である「パイプ」についてもあせて解説します。

結合の優先度と向き

各演算子には、結合の優先度と向きが定義されています。解説に入る前に、まずはどのような演算子があるかを一覧にしてしまいましょう。執筆時点で、組み込みの演算子は下表に挙げるものですべてです。

演算子	結合の優先度	結合の向き
(<|) : (a -> b) -> a -> b	0	右
(|>) : a -> (a -> b) -> b	0	左
(||) : Bool -> Bool -> Bool	2	右
(&&) : Bool -> Bool -> Bool	3	右
(==) : a -> a -> Bool	4	なし
(/=) : a -> a -> Bool	4	なし
(<) : comparable -> comparable -> Bool	4	なし
(>) : comparable -> comparable -> Bool	4	なし
(<=) : comparable -> comparable -> Bool	4	なし
(>=) : comparable -> comparable -> Bool	4	なし
(++) : appendable -> appendable -> appendable	5	右
(::) : a -> List a -> List a	5	右
(+) : number -> number -> number	6	左
(-) : number -> number -> number	6	左
(*) : number -> number -> number	7	左
(/) : Float -> Float -> Float	7	左
(//) : Int -> Int -> Int	7	左
(^) : number -> number -> number	8	右
(<<) : (b -> c) -> (a -> b) -> (a -> c)	9	右
(>>) : (a -> b) -> (b -> c) -> (a -> c)	9	左

演算子の優先度は、数字が大きいほど結合の優先順位が高くなります。たとえば、`*`(優先度7)は`+`(優先度6)よりも優先して適用されます。

```
1 + 3 * 4 -- 1 + (3 * 4)
```

また、同じ優先度を持つ演算子同士では、演算の向きも重要です。次の例は、それぞれ結合の向きが左と右の場合です。

```
10 - 5 - 4 -- (10 - 5) - 4
```

```
1 :: 2 :: [] -- 1 :: (2 :: [])
```

連続した結合を許さない演算子もあります。表中の「なし」がそれにあたります。

```
1 < 2 < 3 -- エラー
```

COLUMN　演算子の定義

演算子の定義はGitHubに公開されている `elm/core` パッケージのコードでも確認することができます。

URL https://github.com/elm/core/blob/master/src/Basics.elm

```
-- (<|) は優先度 0 で右結合
infix right 0 (<|) = apL


...


-- (<|) の実装
apL : (a -> b) -> a -> b
apL f x =
  f x
```

`infix` キーワードは内部実装として使われているものの、一般のユーザーが使うことはできません。独自の演算子はごく限られた状況で威力を発揮しますが、大抵は可読性を落としてしまうからです。

より詳細な理由については、次のドキュメントを参照してください。

URL https://github.com/elm/compiler/blob/master/upgrade-docs/0.19.md#removed-user-defined-operators

ショートサーキット

`&&` と `||` はショートサーキットと呼ばれる特別な振る舞いをします。

- 「a && b」はaがTrueの場合のみbを評価する
- 「a || b」はaがFalseの場合のみbを評価する

これをうまく使うと無駄な処理が実行されるのを防ぐことができます。次の例では `flag` が `True` の場合のみ `heavyFunction` が実行されます。

```
if flag && heavyFunction something then
  ...
```

ショートサーキットが有効になるのは中置演算子として使ったときのみです。関数として使った場合は先に両方の式が評価されるので注意しましょう。

```
-- ショートサーキットが効かない
if (&&) flag (heavyFunction something) then
  ...
```

パイプ

演算子のうちいくつかは、コードの記述性を向上させる目的で用意されています。これらの演算子は**パイプ**と呼ばれています。具体的には次の4つです。

- |>
- >>
- <|
- <<

中でも `|>` の使用頻度は特に高いので、読み方・使い方を覚えておきましょう。

|>

たとえば、次のような関数があったとしましょう。

```
{-| 1からある数値までを表示する

    showNumbersUntil 3 --> "1,2,3"

-}
showNumbersUntil : Int -> String
showNumbersUntil max =
  String.join "," (List.map String.fromInt (List.range 1 max))
```

おそらく多くの人がこの実装を「右から」読むことになるはずです。「まず1～5のリストを作って、それをそれぞれ文字列に変えて、最後にカンマで結合する」という風にです。そのようなときに `|>` を使うと、実装を左から読めるように書き直すことができます。

```
showNumbersUntil max =
  List.range 1 max |> List.map String.fromInt |> String.join ","
```

改行するともっと読みやすくなります。

```
showNumbersUntil max =
  List.range 1 max
    |> List.map String.fromInt
    |> String.join ","
```

`|>` は、他の言語の「メソッドチェーン」と同じ要領で使うことができます。

```
// JavaScript
[1, 2, 3, 4, 5].map(number => number.toString()).join(",");
```

`|>` とメソッドチェーン違いとしては、メソッドチェーンはあくまでメソッドですから、クラスの外で定義された関数を `.myFunc()` のようにつなぐことはできません。しかし、Elmのパイプの場合は別のモジュールの関数や自前の関数でも自由につなぐことができます。

```
List.range 1 max
  |> List.map String.fromInt
  |> String.join ","
  |> myFunc
  |> myAnotherFunc foo bar
  |> ...
```

なぜ、このようなことが可能なのでしょうか。 `|>` の実装を見てみましょう。

```
-- (|>) の実装
apR : a -> (a -> b) -> b
apR x f =
  f x
```

`a` が `|>` の左側、`(a -> b)` が `|>` の右側です。例をいくつか見てみましょう。

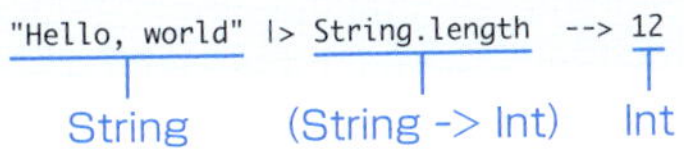

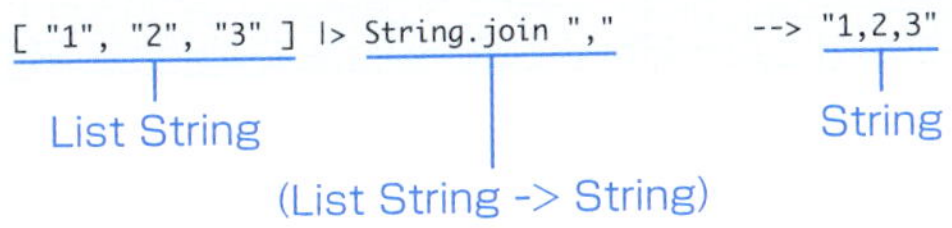

```
"Hello, world" |> String.length  --> 12
```



```
[ "1", "2", "3" ] |> String.join ","       --> "1,2,3"
```


辻褄が合っていることが確認できたでしょうか？ もちろん、毎回、このカラクリを思い出す必要はありません。そういうものだと思っておけば使えます！

>>

`>>` は `|>` と同じ方向に関数合成するために使います。

関数合成とは、複数の関数を順番に実行する新しい関数を作るということです。先ほどの例では、「a:リストを作る」「b:リストの要素を文字列にする」「c:文字列を結合する」という操作をある値に対して順番に行いました。

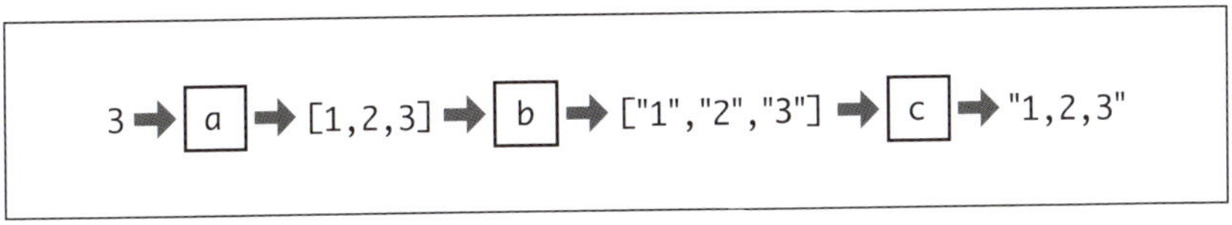

ですが、a、b、cを先に合成して、後から値に適用することもできます。

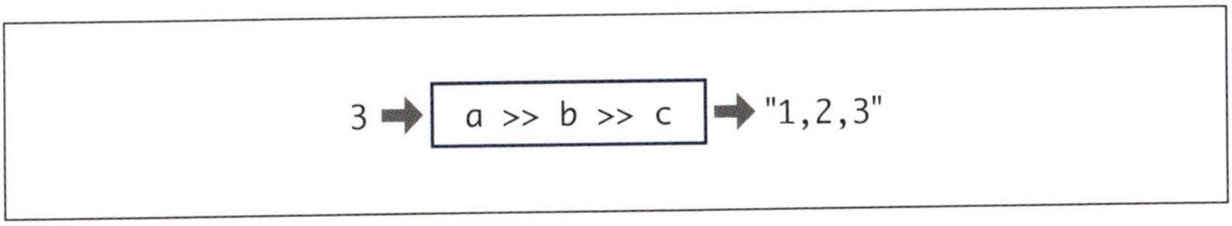

これをコードで書くと次のようになります。

```
showNumbersUntil : Int -> String
showNumbersUntil max =
  (List.range 1 >> List.map String.fromInt >> String.join ",") max
```

ところで、今、`showNumbersUntil`は「`Int`を受け取って`String`を返す」というイメージで実装されていますが、`Int -> String`という関数を1つの値として捉えるとどうなるでしょう。

```
showNumbersUntil : Int -> String
showNumbersUntil =
  List.range 1 >> List.map String.fromInt >> String.join ","
```

```
> List.map (String.fromInt >> String.repeat 3) [1,2,3]
["111","222","333"] : List String
```

慣れないうちに出会うと混乱するかもしれませんが、`a >> b >> c`が出てきたら「これは`a`して`b`して`c`しているのだ」と頭の中で唱えておけばなんとかなるでしょう。

参考までに、`>>`の実装は次の通りです。

```
-- (>>) の実装
composeR : (a -> b) -> (b -> c) -> (a -> c)
composeR f g x =
  g (f x)
```

<|

`<|`は`|>`と同等の操作を逆方向に行うパイプです。とはいっても、何も好んで右から実装を読みたいわけではありません。`<|`はざっくりいうと「括弧を省略する」ために使います。

先ほどの例を`<|`を使って書き直してみます。

```
showNumbersUntil max =
  String.join "," (List.map String.fromInt (List.range 1 max))
```

```
showNumbersUntil max =
  String.join "," <| List.map String.fromInt <| List.range 1 max
```

`<|`を使ったバージョンではきれいに括弧がなくなってスッキリしています。慣れないうちは`<|`が現れたらそこから文末まで大きな括弧にくくられていると思って読むのがコツです。

<<

`<<`は`>>`の逆向きに関数合成するための演算子です。

```
showNumbersUntil =
  String.join "," << List.map String.fromInt << List.range 1 max
```

パイプを意識した関数定義

先ほどの |> の例をもう一度、見てみましょう。

```
List.range 1 max
  |> List.map String.fromInt
  |> String.join ","
```

なぜこのように流れるようにつなげることができるのでしょう。それは、パイプでつなげやすいように関数が気を配って作られているからです。

```
List.map : (a -> b) -> List a -> List b

String.join : String -> String -> String
```

この2つの関数はともに部分適用すると最後が **元のデータ -> 新しいデータ** の形になります。これがうまくパイプがつながる条件です。

Elmで関数を作るときは「なるべく部分適用しやすい関数」を作るように、ぜひ引数の順番に気を配ってみましょう。具体的には、**先に適用されるであろう引数はなるべく前に持ってくる**のがコツです。公式のパッケージで提供されている関数は必ずこのルールに従っています。

```
> String.split "," "cat,dog,cow"
["cat","dog","cow"]
```

```
> splitByComma = String.split ","
<function>

> splitByComma "cat,dog,cow"
["cat","dog","cow"]
```

COLUMN

結合の向きの競合

パイプ使いに慣れてきたころに次のようなコードを書いてエラーに遭遇することになるでしょう。

```
String.length  <| "foo"  |> String.repeat 10
```

```
-- INFIX PROBLEM ------------------------------------------------------------ elm

You cannot mix (<|) and (|>) without parentheses.

4|   String.length  <| "foo"  |> String.repeat 10
     ^^^^^^^^^^^^^^^^^^^^^^^^^^^^^^^^^^^^^^^^^^^^^
I do not know how to group these expressions. Add parentheses for me!
```

`<|` と `|>` は優先順位かつ結合の向きが逆なので、同時に使うとグループ化に困ってしまうようです。しかし、慌てることはありません。アドバイス通り、適切に括弧を入れることで曖昧な状態を回避しましょう。

```
String.length  <| ("foo"  |> String.repeat 10)
```

再代入の禁止と再帰

Elmは関数型言語と呼ばれる言語の1つですが、これまであまりそのことについて触れてきませんでした。関数型言語に厳密な定義はありませんが、ある程度、共通する特徴があります。ここでは、そうした概念的な話について少し触れておきます。

純粋な関数

関数型言語の中には**関数が純粋である**ことを重視するものがあります。純粋であるというのは、次のような性質を指します。

- 外部環境の状態に依存しない(=引数が同じであれば常に同じ結果を返す)
- 外部環境に影響を与えない(=副作用がない)

これらの性質によって、関数を使うときには引数と戻り値以外に注目する必要がなくなります。このことは一般にテスト容易性を大いに向上させるといわれています。そして、重要なことですが、**Elmの場合は純粋な関数しかありません**。

具体的にイメージするために、いくつかJavaScriptの例を挙げてみましょう。

◉純粋な関数の例

```
function add(a, b) {
  return a + b;
}
```

この関数は純粋です。引数 `a` と `b` が同じであれば戻り値は毎回、同じものが返ります。逆に、純粋でない関数は外部の状態と何らかの関わりを持っています。

◉純粋でない関数の例1

```
let a = 1;
function getA() {
  return a; // 変化する状態 `a` に依存している
}
console.log(getA()); // 1
a = 2;
console.log(getA()); // 2
```

◉純粋でない関数の例2

```
let a = 1;
function setA(value) {
  a = value; // 外部の状態 `a` に影響を与えている(副作用)
}
console.log(a); // 1
setA(2);
console.log(a); // 2
```

純粋な関数は、大抵明確なインプット（引数）とアウトプット（戻り値）があります。引数がなかったり戻り値がなかったりすれば、その時点で純粋な関数ではないと見当をつけられます。

◉純粋でない関数の例3

```
function changeValue(object) {
  object.value = 1; // 引数のオブジェクトのフィールドを一部書き換える
}
const object = { value: 0 };
changeValue(object);
console.log(object.value); // 1 (変更あり)
```

`changeValue` には戻り値がありませんね。これも純粋な関数ではありません。入力値の状態を変化させてしまうのもまた副作用です。純粋な関数を作るのであれば、次のように変化後のオブジェクトを戻り値とすべきです。

```
function changeValue(object) {
  return { ...object, value: 1 }; // value を 1 に置き換えた新しいオブジェクトを返す
}
const object = { value: 0 };
const newObject = changeValue(object);
console.log(object.value); // 0 (変更なし)
console.log(newObject.value); // 1
```

さて、ここからはElmがどのようなルールによってこれらを強制しているのかを見ていきます。

再代入の禁止

Elmでは、一度、定義した変数に再び新しい値を代入することができません。

```
a = 10

a = 20 -- エラー
```

もし、新しい値に変化することを表現したければ、`newA` などの別の名前をつけましょう。これはトップレベルの関数もそうですし、`let ~ in` の中でも同様です。

あらゆるデータは不変

Elmではリストやレコードなど、**あらゆるデータが不変（イミュータブル）**です。次の例は復習になりますが、レコードの一部のフィールドを置き換えて新しいレコードを作る例です。

```
a = { id = 1, name = "Alice" }

b = { a | name = "Bob" } -- a は変化しない
```

再帰的な関数

再帰は関数型プログラミングにおいて最も重要なテクニックです。なぜなら、再代入を禁止した世界では多くの言語で見るような「`for` ループ」が書けないからです。

例として、1からnまでの数字の合計を求めることを考えてみましょう。JavaScriptでは `for` ループを使って次のように書けます。

```
function sumUntil(n) {
  let sum = 0;
  for (let i = 1; i <= n; i++) {
    sum += i;
  }
  return sum;
}
```

ここでは、2つの変数 `i` と `sum` がそれぞれ再代入を許しています（同じことは `while` ループでも起こります）。

Elmでそのようなことはできません。代わりに再帰を使います（問題を簡単にするために、`n` が `0` やマイナスのときは最初は考えないでおきましょう）。

```
sumUntil : Int -> Int
sumUntil n =
  if n == 1 then
    1
  else
    n + sumUntil (n - 1)
```

まず、`n` が `1` の場合、1から1までの和は1になります。これが最初の分岐でしていることです。

`n` が `5` のときはどうでしょうか？ `1 + 2 + 3 + 4 + 5` で、答えは `15` です。しかし、1から数える必要はありません。「1から5までの和」は「1から4までの和 ＋ 5」ですから、先に4までの和を求めておいて、それに5を足せばいいのです。一般的にいうと「`n` までの合計は `n` 自身と `(n-1)` までの合計の和である」といえます。これが2番目の分岐でしていることです。

`sumUntil` 関数から `sumUntil` 関数自身を呼び出しているため、この関数は再帰的です。`n = 5` のとき、計算プロセスは次のようになります。

```
  5 + (sumUntil 4)
= 5 + (4 + (sumUntil 3))
= 5 + (4 + (3 + (sumUntil 2)))
= 5 + (4 + (3 + (2 + sumUntil 1)))
= 5 + (4 + (3 + (2 + 1)))
= 15
```

`n` が `1` のときに `sumUntil 1 = 1` となることに注意してください。ここで終了しないと、永遠に `n` が減り続けて無限ループになってしまいます。

末尾呼び出しの最適化

再帰的な関数のデメリットは、呼び出した回数だけコールスタックを消費することです。上記の例でいうと、`sumUntil 1` に到るまでに5、4、3、2という計算の途中経過をすべて覚えている必要があるということです。ブラウザの種類にもよりますが、およそ数千くらい繰り返すとスタックが溢れてスタックオーバーフローが発生してしまいます。幸いなことに、Elmにはこれを回避する方法があります。

`sumUntil` は別解として、次のように書くこともできます。

```
sumUntil n =
  sumUntilHelp 0 n

sumUntilHelp sum n =
  if n == 0 then
    sum
  else
    sumUntilHelp (sum + n) (n - 1)
```

ヘルパー関数として `sumUntilHelp` を用意し、再帰はそちらで行っているのです。

新しい `sumUntil` 関数の `n = 5` のときの計算プロセスを見てみましょう。

```
  sumUntil 5
= sumUntilHelp 0 5
= sumUntilHelp 5 4
= sumUntilHelp 9 3
= sumUntilHelp 12 2
= sumUntilHelp 14 1
= sumUntilHelp 15 0
= 15
```

2つの関数の大きな違いは、計算の途中経過を覚えている必要があるかどうかです。前者は、5、4、3、…という途中の `n` を覚えておかなければなりませんが、後者は途中の `n` を忘れてしまっても計算を続行できます。このことを利用して、Elmはコンパイル時にコールスタックを消費しないように最適化を行います。

次の例は、最適化されたJavaScriptコードです。

```
var author$project$Main$sumUntil = function (n) {
  return A2(author$project$Main$sumUntilHelp, 0, n);
};
var author$project$Main$sumUntilHelp = F2(
  function (sum, n) {
    sumUntilHelp:
    while (true) {
      if (!n) {
        return sum;
```

```
      } else {
        var $temp$sum = sum + n,
          $temp$n = n - 1;
        sum = $temp$sum;
        n = $temp$n;
        continue sumUntilHelp;
      }
    }
  });
```

どこに着目するかというと、`sumUntil`がもはや再帰的な関数ではなくなっているということです。再帰の代わりに、変換後のJavaScriptでは`while`ループを使っています。これによってコールスタックを消費することなく安全に処理を終えることができます。

この最適化が本当に行われるのかどうかを事前に知るために、簡単にコードをチェックする方法があります。**末尾がその関数自身の呼び出しで終わっている**かどうかを見てください。

```
{-| 最適化される例 -}
sumUntilHelp sum n =
  if n == 0 then
    sum
  else
    sumUntilHelp (sum + n) (n - 1) -- sumUntilHelp 自身の呼び出しで終わっている
```

一方、最初に説明した再帰の例は最適化されません。末尾が`+`演算子、すなわち`(+)`関数の呼び出しになっているからです。

```
{-| 最適化されない例 -}
sumUntil n =
  if n == 0 then
    0
  else
    n + sumUntil (n - 1) -- (+) の呼び出しで終わっている
```

このような特徴から、この最適化は**末尾呼び出しの最適化**(tail call optimization)と呼ばれています。

Maybe

Elmにはnullがありません。多くの言語において実行時に起こるエラーとの筆頭といえば、通称「ぬるぽ」と呼ばれる`NullPointerException`（Java）や`undefined is not a function`（JavaScript）でしょう。しかし、Elmではこのようなエラーを起こす心配は無用です。なぜならnullがないのですから。

Elmでは「値がないかもしれない」状況を表現するのにnullの代わりに**Maybe**というデータ構造を使います。リストやタプルと同様に重要なデータ構造ですから、ここで押さえておきましょう。

Maybe a型

Maybeは、カスタム型で次のように定義されます。

```
type Maybe a = Just a | Nothing
```

`Maybe a`型の値は、`a`型の値が存在することを示す`Just a`と、存在しないことを示す`Nothing`のどちらかです。たとえば、`Maybe Int`なら`Just Int`もしくは`Nothing`のどちらかということになります。

Maybeの登場する例として、リストの先頭要素を取得する`List.head`関数を見てみましょう。

```
> List.head [1, 2, 3]
Just 1

> List.head []
Nothing
```

リストが1つ以上の要素を持っているときは、最初の値が`Just`に包まれて返ってきますが、空の場合は`Nothing`が返ってきます。

次の例では、パターンマッチを用いてそれぞれの場合に対する処理を書いています。

```
showFirstValue : List Int -> String
showFirstValue list =
  case List.head list of
    Just value ->
      String.fromInt value

    Nothing ->
      "Empty!"
```

このように、値がある場合とない場合で必ず分岐しなければMaybeの中身にアクセスできないため、「ないかもしれない値をあると思い込んで使ってしまう」可能性を完全に排除することができるのです。

Maybeモジュールの主な関数

Maybeモジュールに定義されているすべての関数はAPIドキュメントで確認することができます。

URL https://package.elm-lang.org/packages/elm/core/latest/Maybe

ここでは、それらのうち、よく使うものをいくつか紹介します。

▶ Maybe.withDefault : a -> Maybe a -> a

`Maybe.withDefault` 関数は、値が存在すればその値を返し、存在しなければデフォルトの値を返します。

```
-- Just 1 なら 1 が返る
> Maybe.withDefault 0 (Just 1)
1

-- Nothing ならデフォルト値 0 が返る
> Maybe.withDefault 0 Nothing
0
```

`withDefault : a -> Maybe a -> a` の第1引数、第2引数、そして戻り値はすべて同じ型変数 `a` を使っています。つまり、デフォルト値はMaybeに包まれている値と同じ型であり、戻り値もその型であるという制約があります。

▶ Maybe.map : (a -> b) -> Maybe a -> Maybe b

`Maybe.map` 関数は、値が存在する場合、その値を別の値に変換します。

```
-- Just 1 なら Just "1" になる
> Maybe.map String.fromInt (Just 1)
Just "1"

-- Nothing は Nothing のまま
> Maybe.map String.fromInt Nothing
Nothing
```

`map : (a -> b) -> Maybe a -> Maybe b` の第1引数 `a -> b` は、Maybeに包まれている `a` 型の値を任意の別の型 `b` に変換できることを意味しています。上記の例では `Int` を `String` にしているため、戻り値の型も `Maybe String` になっています。

▶ Maybe.andThen : (a -> Maybe b) -> Maybe a -> Maybe b

`Maybe.andThen` 関数は、Maybeを返す処理を連続で行います。たとえば、文字列のリストから最初の要素を取り出し、それを整数に変換する必要があるとしましょう。これを達成するためには次の2つの関数が必要です。

```
List.head : List a -> Maybe a
String.toInt : String -> Maybe Int
```

すでに見たように、リストの先頭を取り出す操作の戻り値はMaybeです。同様に、文字列を数値に変換する操作 `String.toInt` が返す結果もまたMaybeです。 `andThen` を使うと、これらの処理をつなぎ合わせて両方成功したら `Just` 、それ以外は `Nothing` を返すことができます。

```
-- 両方成功
> Maybe.andThen String.toInt (List.head ["1"])
Just 1 : Maybe Int

-- String.toInt が失敗したので Nothing
> Maybe.andThen String.toInt (List.head ["foo!"])
Nothing : Maybe Int

-- List.head が失敗したので Nothing
> Maybe.andThen String.toInt (List.head [])
Nothing : Maybe Int
```

▶パイプを使う

前述した3つの関数はいずれもパイプ(`|>`)を使うと便利です。パイプをうまく使うと、次のように流れるように書くことができます。

```
List.head ["1", "2", "3"]
  |> Maybe.andThen String.toInt
  |> Maybe.map (\num -> num * 10)
  |> Maybe.withDefault 0
```

気持ちよく書けましたね! `andThen` という関数の名前もこちらの使い方の方がしっくりきます。

リスト

リストは最も重要なデータ構造の1つです。多くの言語では配列を扱うのが一般的ですが、Elmではリストを最もよく使います。

リストのデータ構造と特性

Elmのリストは一般に**連結リスト(Linked List)**と呼ばれているもので、配列とは似て非なるものです。リストは先頭要素と隣のリストへの参照を保持しています。

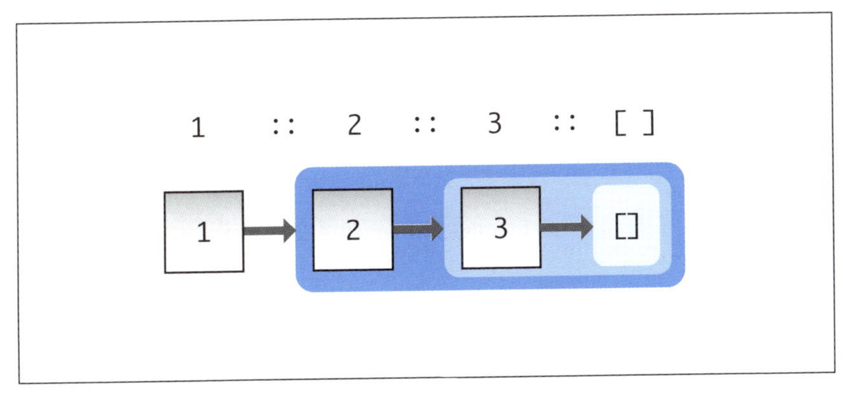

リストの要素にアクセスするには先頭(一番左)から順番にたどっていく必要があります。最初の要素にはすぐにアクセスすることができますが、最後の要素にアクセスするにはリストの長さに比例した時間がかかります。言い方を変えると、配列の要素へのアクセスは*O(1)*ですが、リストの要素へのアクセスは*O(N)*時間が必要です。

リストの先頭に要素を追加する `::` 演算子が用意されているのに対し、リストの末尾に追加する演算子が用意されない理由はここにあります。末尾にアクセスするとリストの長さに比例する時間がかかり、効率が悪いからです。

要素を取り出すときも同様のことがいえます。Listモジュールには、先頭の要素を取り出す `head` という関数と、先頭の要素を除いた残りのリストを返す `tail` という関数が定義されていますが、末尾の要素を取り出す関数は用意されていません。

```
> List.head ["foo", "bar", "baz"]
Just "foo"

> List.tail ["foo", "bar", "baz"]
Just ["bar", "baz"]
```

もし、末尾の要素に頻繁にアクセスする必要があるのであれば、リストではない別のデータ構造も検討しましょう。詳しくは《**その他のデータ構造**》(p.91)で解説します。

リストの関数

Listモジュールにはさまざまな関数が定義されています。

URL https://package.elm-lang.org/packages/elm/core/latest/List

ここでは、特に覚えておくべき関数を紹介します。

▶ length : List a -> Int

length 関数は、リストの長さを返します。

```
> List.length [1,2,3,4,5]
5
```

▶ map : (a -> b) -> List a -> List b

map 関数は、リストのそれぞれの要素に関数を適用したリストを作ります。第1引数(a -> b)はそれぞれの要素を変換するための関数です。

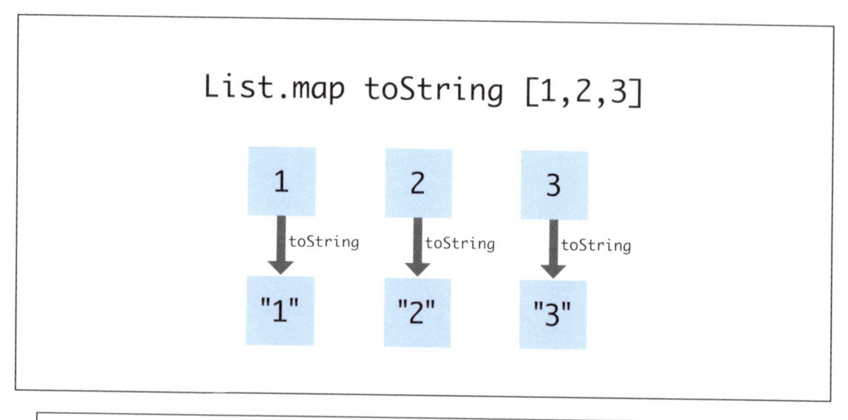


```
> List.map (\lang -> "I love " ++ lang) ["Elm", "JavaScript"]
["I love Elm", "I love JavaScript"] : List String

> List.map ((*) 10) [2,3,5]
[20,30,50]
```

▶ indexedMap : (Int -> a -> b) -> List a -> List b

indexedMap 関数は map 関数とほとんど同じですが、indexedMap 関数はリストのインデックスを使うことができます。

```
> List.indexedMap (\index lang -> String.fromInt index ++ ": " ++ lang) ["Elm", "JavaScript"]
["0: Elm", "1: JavaScript"]

> List.indexedMap Tuple.pair [2,3,5]
[(0,2),(1,3),(2,5)]
```

▶ filter : (a -> Bool) -> List a -> List a

`filter` 関数は、条件に合う要素のみを抽出したリストを作ります。第1引数（`a -> Bool`）は条件に合うかを判定する関数です。

```
> List.filter (\(_, staticType) -> staticType) [("Elm", True), ("JavaScript", False)]
[("Elm", True)]

> List.filter (\n -> remainderBy 2 n == 1) [2,3,5]
[3,5]
```

▶ filterMap : (a -> Maybe b) -> List a -> List b

`filterMap` 関数は `filter` 関数と同様ですが、フィルタリングすると同時に要素を変換したいときは `filterMap` 関数を使います。

```
> List.filterMap
    (\(lang, staticType) -> if staticType then Just lang else Nothing)
    [("Elm", True), ("JavaScript", False)]
["Elm"]

> List.filterMap (\n -> if remainderBy 2 n == 1 then Just (10 * n) else Nothing) [2,3,5]
[30,50]
```

▶ foldl : (a -> b -> b) -> b -> List a -> b

`foldl` 関数は、リストの要素を集約して1つの値を作る関数です。最も簡単な例として、リストの要素をすべて合計する処理は次のように書けます。

```
> List.foldl (\n sum -> sum + n) 0 [1,2,3,4,5]
15

-- または
> List.foldl (+) 0 [1,2,3,4,5]
15
```

集約処理は**畳み込み**とも呼ばれます。`foldl` 関数は、「fold from the left」（左から畳み込む）の意味で、リストの左側（先頭）から順に値を集約していくことを意味しています。

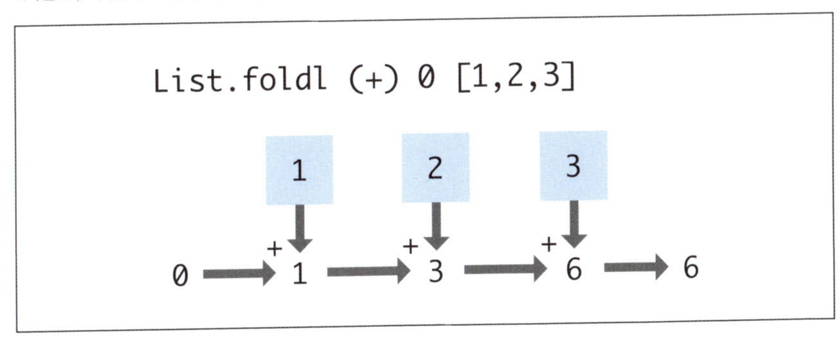

`foldl : (a -> b -> b) -> b -> List a -> b` の2つの型変数は、`a` がリストの要素、`b` が集約結果です。

次の例では `a` が `Int` 、`b` が `String` です。

```
> List.foldl
    (\n str -> str ++ " " ++ String.fromInt n)
    "Prime Numbers:"
    [2,3,5,7,11]
"Prime Numbers: 2 3 5 7 11"
```

▶ foldr : (a -> b -> b) -> b -> List a -> b

`foldr` 関数は、「fold from the right」の意味で、リストを右から畳み込みます。

```
> List.foldr
    (\n str -> str ++ " " ++ String.fromInt n)
    "Prime Numbers:"
    [2,3,5,7,11]
"Prime Numbers: 11 7 5 3 2"
```

その他の関数

Listモジュールには他にも便利な関数が多数用意されています。比較的使用頻度の高い関数を下表に挙げます。

関数	機能
take : Int -> List a -> List a	先頭からいくつかの要素を取り出す
drop : Int -> List a -> List a	先頭からいくつかの要素を取り除く
repeat : Int -> a -> List a	指定回数だけ要素を繰り返したリストを作る
range : Int -> Int -> List Int	指定された範囲の数列を作る
length : List a -> Int	リストの長さを返す
all : (a -> Bool) -> List a -> Bool	すべての要素について条件を満たすかどうかを調べる
any : (a -> Bool) -> List a -> Bool	いずれかの要素が条件を満たすかどうかを調べる
sort : List comparable -> List comparable	要素を並び替える
sortBy : (a -> comparable) -> List a -> List a	要素を指定されたキーを用いて並び替える
sortWith : (a -> a -> Order) -> List a -> List a	要素の比較方法を指定して並び替える

残りの関数や具体例などは、APIドキュメントを参照してください。

URL https://package.elm-lang.org/packages/elm/core/latest/List

その他のデータ構造

MaybeやListの他にも便利なデータ構造がたくさん用意されています。ここでは、Result・Dict・Set・Arrayを紹介します。これらも例外なくすべて不変(immutable)な構造を持っています。

また、Dict、Set、Arrayを使うためには、モジュールをインポートする必要があります。ファイルの先頭に下記を書いておきましょう(elm replでも有効です)。

```
import Dict exposing (Dict)
import Set exposing (Set)
import Array exposing (Array)
```

なお、インポートの書き方については《モジュールとパッケージ》(p.98)で改めて説明します。

Result

Resultは失敗するかもしれない結果を表すデータ構造です。Maybeと似ていますが、こちらは失敗の原因を情報として持っています。

Resultはカスタム型で次のように定義されています。

```
type Result err a = Err err | Ok a
```

次の例は、入力が数値であるかを検証する関数です。

```
validate : String -> Result String Float
validate text =
  case String.toFloat text of
    Just value ->
      Ok value

    Nothing ->
      Err "数値を入力してください"
```

Maybeのときと同じく、次のように分岐してそれぞれの場合の処理を書くことができます。

```
case validate text of
  Ok value ->
    ...

  Err message ->
    ...
```

▶ Resultモジュールの主な関数

Resultモジュールに定義されている主な関数を下表に挙げます。

関数	機能
withDefault : a -> Result x a -> a	値が存在すればその値を返し、存在しなければデフォルトの値を返す
map : (a -> value) -> Result x a -> Result x value	成功した場合、その値を別の値に変換する
mapError : (x -> y) -> Result x a -> Result y a	失敗した場合、その値を別の値に変換する
andThen : (a -> Result x b) -> Result x a -> Result x b	成功した場合、その値を別の値に変換する

すべての関数はAPIドキュメントで確認することができます。

URL https://package.elm-lang.org/packages/elm/core/latest/Result

Dict

Dict(辞書)は一意なキーと値の組の集合です。一意なキーを用いて、任意の要素に素早くアクセスすることができます。

Dictの型は `Dict comparable v` で表します。`comparable` がキー、`v` は値の型です。次の例では、キーが `Int` 、値が`String`の辞書を作り、値を取得しています。

```
import Dict exposing (Dict)

dict : Dict Int String
dict =
  Dict.fromList [ (1, "one"), (2, "two") ]

Dict.get 2 dict -- Just "two"

Dict.get 3 dict -- Nothing
```

Dictのキーは `comparable` (比較可能)な型である必要があります(53ページの「制約つきの型変数」を参照)。`comparable` 制約を満たす型は、`Int` 、`Float` 、`Char` 、`String` 、「`comparable` を要素に持つリストまたはタプル」のいずれかです。それ以外の型をキーとして使おうとした場合にはコンパイルエラーになります。

Dictの実装には赤黒木(https://ja.wikipedia.org/wiki/赤黒木)が使われています。参照・挿入・削除にかかる時間は、要素数Nに対して$O(log N)$です。

すべての関数はAPIドキュメントで確認することができます。

URL https://package.elm-lang.org/packages/elm/core/latest/Dict

Set

Set(集合)は重複を許さない要素の集合です。Setの型は `Set comparable` で表します。

```
import Set exposing (Set)

set : Set Int
set =
  Set.fromList [1,2,3,2,1]

Set.length set -- 3

Set.member 3 set -- True

Set.member 4 set -- False
```

Dictのキーと同様に、Setの要素は `comparable` 制約を満たす型である必要があります。参照・挿入・削除にかかる時間は、サイズ*N*に対して*O(log N)*です。

すべての関数はAPIドキュメントで確認することができます。

URL https://package.elm-lang.org/packages/elm/core/latest/Set

Array

Array(配列)は任意の位置の要素に素早くアクセスできるデータ構造です。Listの方が構造はシンプルですが、後ろの要素にアクセスするほど時間がかかってしまいます。そのような処理が多くなることがわかっている場合にはArrayを使うのが効率的です。

```
import Array exposing (Array)

array : Array String
array =
  Array.fromList ["one", "two", "three"]

Array.get 0 -- Just "one"

Array.get 3 -- Nothing

Array.set 2 "☺" array -- Array.fromList ["one", "two", "☺"]
```

Arrayの内部実装としては32本の枝を持った木になっており、JavaScriptの配列で実装されています。

すべての関数はAPIドキュメントで確認することができます。

URL https://package.elm-lang.org/packages/elm/core/latest/Array

COLUMN

関数が足りない?

Listやその他のモジュールを使っていると、「あれ? あの関数は用意されていないの?」と思うことがたびたびあります。たとえば、リストのN番目の値にアクセスするための関数はListモジュールには用意されていません。再帰の練習がてら `getAt` 関数を自作してみましょう。

```
-- N番目の値にアクセスする
getAt : Int -> List a -> Maybe a
getAt n list =
    case list of
        h :: t ->
            if n == 0 then
                Just h
            else
                getAt (n - 1) t

      [] ->
          Nothing
```

しかし、Listモジュールはこの関数を意図的に用意していません。理由としては、このような用途であれば他のデータ構造を使う方が適しているからです。Listはいつでも先頭の要素から順に検索をかけなければならないので、要素数が多い場合にはパフォーマンスが悪くなります。要素にインデックスでアクセスするならばArrayが最適でしょう。

とはいえ、リストはいたるところで使われますし、現実には最適なデータ構造を検討する余裕がないかもしれません。そのようなときのために、`elm-community/list-extra` というパッケージを紹介しておきましょう。きっと目当ての関数が見つかるはずです。

Debug

デバッグを効率よく行うために、Debug モジュールが用意されています。

URL https://package.elm-lang.org/packages/elm/core/latest/Debug

ここではデバッグに役立つ3つの関数を紹介します。

Debug.toString : a -> String

Debug.toString はどんな型の値でも文字列に変換します。

```
> Debug.toString { name = "foo" }
"{ name = \"foo\" }"
```

ただし、この文字列はあくまでデバッグ用のものであってユーザーに表示するためのものではありません。Debug.toString を使うのはデバッグ時にとどめ、本番用には何かしら別の形式で文字列化しましょう。

Debug.log : String -> a -> a

Debug.log を使うと、気になった値をブラウザの開発者用コンソールに出力することができます(他の言語でいう「printデバッグ」に相当する機能です)。

たとえば、次の関数をデバッグしているとします。

```
add a b = a + b
```

ここで、実行時に渡された a の値を調べたいと思った場合、次のようにコードを書き換えます。

```
add a b = (Debug.log "value of a" a) + b
```

すると、関数の実行時に次のような文字列が出力されます(elm replでも確認できます)。

```
value of a: 42
```

Debug.log の戻り値は、第2引数に渡した値がそのまま返ります。つまり、a が 42 であれば Debug.log "value of a" a も 42 です。

下記は、Debug.log の使い方のバリエーションです。

```
add a b =
  let
    -- 戻り値を使わない場合はダミー変数 _ を使います
    _ = Debug.log "(a, b)" (a, b)
  in
    a + b
```

```
example =
  -- パイプでつなぐことも可能です
  List.head ["1", "2", "3"]
    |> Debug.log "head"
    |> Maybe.andThen String.toInt
    |> Debug.log "num"
    |> Maybe.map (\num -> num * 10)
    |> Debug.log "num2"
    |> Maybe.withDefault 0
    |> Debug.log "result"
```

ところで、`Debug.log` はコンソールへの出力という副作用を持っているため、実は「純粋な関数」ではありません。関数型言語の作法に反していますが、デバッグ用に特別に許されているのです。

Debug.todo : String -> a

`Debug.todo` は、まだ実装されていない関数や分岐のプレースホルダーとして機能する関数です。たとえば、「日本語のメッセージは考えたけれども英語は後で考えよう」という場合は次のようにします。

```
showMessage : Language -> String
showMessage lang =
  case lang of
    Ja ->
      "パスワードは8文字以上の英数字である必要があります"

    En ->
      Debug.todo "後で英訳する"
```

この場合、`En` の分岐に入るとランタイムエラーが発生し、エラーの発生場所とメッセージがコンソールに表示されます。

```
Uncaught Error: TODO in module `Main` on line 54

後で英訳する
    at _Debug_crash (index.html:759)
    at index.html:529
    at author$project$Main$showMessage (index.html:3957)
    at index.html:4376
    at index.html:4377
```

Elmでは「ランタイムエラーが一切、起こらない」ことを保証していますが、`Debug.todo` が唯一の例外です。 `Debug.todo` が発動するとElmプログラムは処理をストップし、回復する方法はありません。そのため、他の言語の例外処理のように本番で気軽に使ってはいけません(Elmに例外処理のための特別な文法はありません。例外ケースはMaybeやResultなどを使って表します)。

`Debug.todo` を使うと、型注釈を書くだけでコンパイルを通すことができるためとても便利です。「とりあえずこういう型を持つ関数が実装されているものとする」と宣言してコンパイルだけを先に通すのです。

```
logic : String -> Int
logic str =
  str
    |> makeSomething
    |> convertToAnother
    |> calcluate

makeSomething : String -> Something
makeSomething str =
  Debug.todo "Not implemented yet."

convertToAnother : Something -> Another
convertToAnother something =
  Debug.todo "Not implemented yet."

calcluate : Another -> Int
calcluate another =
  Debug.todo "Not implemented yet."
```

`Debug.todo` の面白いところは、どんな型にでも化けることができるところです。改めて型を見てみましょう。

```
Debug.todo : String -> a
```

`a` は状況に応じて任意に決まるため、どこに置いてもコンパイルが通るということです。

Debugモジュールと--optimizeフラグ

`elm make` コマンドは `--optimize` フラグによって、コンパイル後のファイルサイズを小さく、また実行速度を上げるための最適化を行います。しかし、`--optimize` フラグを使うためには「 `Debug` モジュールを一切、使ってはいけない」という制約があるので覚えておきましょう(詳しくは、《ビルドの最適化》(p.221)を参照)。

SECTION-016

モジュールとパッケージ

いくつかの関数や型などを機能ごとにまとめたものを**モジュール**と呼びます。たとえば、List型やそれに関連する関数は、Listモジュールに定義されています。Elmでは、1つのモジュールを1つのファイルで管理します。

さらに、モジュールをいくつかまとめてライブラリとして提供できる形にしたものをパッケージといいます。Elmでは、1つのプロジェクトがそのまま1つのパッケージになります。

モジュールのインポート

あるモジュールから別のモジュールを使うためにはインポートが必要です。たとえば、`import Dict`と宣言することでDictモジュールが使用可能になります。

```
> Dict.get
(エラー)

> import Dict
> Dict.get
<function> : comparable -> Dict.Dict comparable v -> Maybe v
```

exposing

モジュールの関数や型を使う場合には、`Dict.get`、`Dict.Dict`のようにモジュール名で修飾しなければなりません。この記述が冗長に感じる場合は、使いたい関数や型を直接、`exposing`以下に列挙します。

```
> import Dict exposing (Dict, fromList)

> fromList [ (1, "one"), (2, "two") ] -- Dict.fromList
...
```

同名の関数を別々のモジュールから読み込んで使おうとすると、どちらの関数を意図しているのかが曖昧なためコンパイルエラーになります。その場合はモジュール名から省略せずに書くことで問題を回避することができます。

```
> import Dict exposing (Dict, fromList)
> import Set exposing (Set, fromList)

> Dict.fromList
<function> : List ( comparable, v ) -> Dict.Dict comparable v
```

また、`exposing (..)` のように書くと、そのモジュールのすべての関数と型を直接、使用できるようになります。

```
> import Dict exposing (..)
```

ただし、乱用は禁物です。関数がどのモジュールから来たものかヒントがなくなってしまうからです。関数がどのモジュール由来か明らかな場合を除いて、基本的には `exposing (..)` を使わないことをおすすめします。

as

モジュール名が長い場合は、`as ...` を使ってインポートするモジュールに別名をつけることができます。

```
> import Html.Events as Events
> Events.onClick
<function> : msg -> Html.Attribute msg
```

上記の例では `Html.Events.onClick` の代わりに `Events.onClick` で済むようにしています。頻繁に使うモジュールの場合、1文字の名前にすることもよくあります。

```
> import Json.Decode as D
```

デフォルトインポート

下記のモジュールおよび一部の関数は頻繁に使うため、特に何も宣言しなくても最初からインポートされています。

```
import Basics exposing (..)
import List exposing (List, (::))
import Maybe exposing (Maybe(..))
import Result exposing (Result(..))
import String exposing (String)
import Char exposing (Char)
import Tuple

import Debug

import Platform exposing ( Program )
import Platform.Cmd as Cmd exposing ( Cmd )
import Platform.Sub as Sub exposing ( Sub )
```

この一覧はelm/coreパッケージのドキュメントにも書かれています。

URL https://package.elm-lang.org/packages/elm/core/latest/

モジュールの宣言

今度は、モジュールの宣言方法(つまり関数を提供する側の書き方)を見ていきます。たとえば、`MyModule` というモジュールを作って `next` という関数を公開したい場合は次のようにします。

```
module MyModule exposing (next)


next : Int -> Int
next a =
  a + 1
```

モジュールの定義は1ファイルにつき1モジュールと決まっています。また、モジュール名はファイル名およびパスと一致していなければなりません。たとえば、ファイル名が `MyModule.elm` ならモジュール名は `MyModule` 、ファイル名およびパスが `MyTool/Util/MyModule.elm` ならモジュール名は `MyTool.Util.MyModule` となります。

関数の公開状態の制御

モジュールに宣言した関数のうち、公開されるのは `exposing` に列挙したものだけです。

```
module MyModule exposing (next)


next : Int -> Int
next a =
  a + step


step : Int
step =
  1
```

この例では、`next` 関数は外部に公開されていますが、`step` は非公開です。

インポートのときと同様に、すべての関数を公開することもできます。

```
module MyModule exposing (..)
```

この方法は手軽ですが、メンテナンスの観点からは推奨しません。もし、ある関数が外部に対して非公開なら安心して関数を修正することができますが、公開されている場合は他のどこで使われているか影響範囲を調べ上げなければいけません。外部から使われる予定のある関数が3つなら3つだけを公開しておくのが、最も安心です。なお、最近のelm-formatでは `(..)` を使わず具体的な関数や型を並べるように強制されるようになりました。

型の公開

関数だけではなく、独自に定義した型も公開してみましょう。型に関しても関数と同様に`exposing`に列挙する必要があります。

```
module Language exposing (Language(..))

type Language = Ja | En
```

この例では`Language`というカスタム型を公開しています。`Language(..)`というのは、`Language`型とそのコンストラクタをすべて公開することを示しています。

インポートして使う側のコードは次のようになります。

```
import Language exposing (Language(..))

hello : Language -> String
hello language =
  case language of
    Ja -> "こんにちは"
    En -> "Hello"
```

これでもまったく構わないのですが、もう1つ、別の方法があります。「型のみを公開してコンストラクタは非公開にする」という方法です。

```
module Language exposing (Language)
```

こうすると、モジュールの外からは`Language`という型は見えるが、`Ja`や`En`といったコンストラクタは見えないという状態になります。つまり、`Ja`や`En`という値を作ったりパターンマッチしたりすることができるのは`Language`モジュールの内部だけです。

このようにコンストラクタを意図的に非公開にすると、メンテナンスが向上が期待できる場合があります。たとえば、後の機能追加でフランス語`Fr`をサポートすることになったとき、あらゆる箇所に`Ja`、`En`という値が蔓延していると、すべての箇所に`Fr`を追加して回らなければなりません。逆に、`Ja`、`En`という具体的な値が`Language`モジュール内に隠れていれば、修正はモジュールの中だけで済みます。

よく見るテクニックなので、覚えておくと役に立つことがあるでしょう。

循環参照

複数のモジュール間の依存が循環するようにしてはいけません。

```
module Main exposing (..)
import Sub

module Sub exposing (..)
import Main
```

モジュールの循環参照はコンパイルエラーになります。

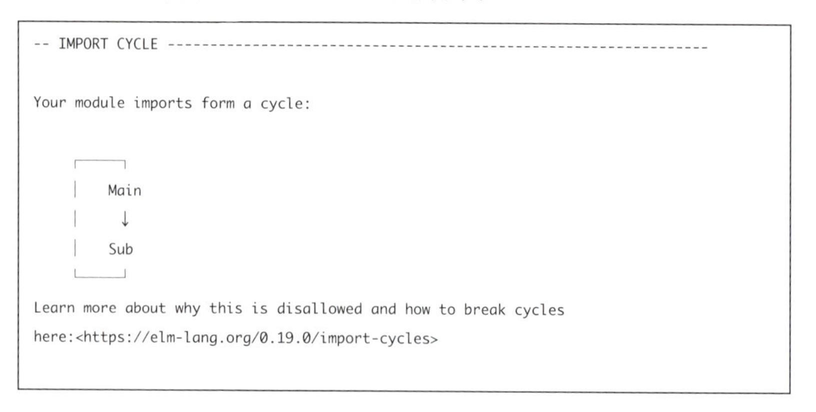

```
-- IMPORT CYCLE ------------------------------------------------------------

Your module imports form a cycle:

    ┌─────┐
    │    Main
    │     ↓
    │    Sub
    └─────┘

Learn more about why this is disallowed and how to break cycles
here:<https://elm-lang.org/0.19.0/import-cycles>
```


これはコンパイル速度のために重要です。あるモジュールを修正したら、それに依存しているモジュールも再コンパイルが必要です。もし、20個のモジュールが循環して依存していたら、1つの修正で20個すべてのモジュールを再コンパイルしなければなりません。

コードの規模が大きくなったときには特に問題になるので、最初から禁止しているのです。

パッケージ

いくつかのモジュールを組み合わせてライブラリとして利用できる単位にまとめたものを**パッケージ**と呼びます。公開されているパッケージはすべて **提供者名/パッケージ名** のように名前がついています(例: `elm/core`)。

Elmが公式に提供しているパッケージは下表の通りです。

パッケージ	提供されるモジュール
elm/browser	Browser、Browser.Dom、Browser.Events、Browser.Navigation
elm/bytes	Bytes、Bytes.Decode、Bytes.Encode
elm/core	Array、Basics、Bitwise、Char、Debug、Dict、List、Maybe、Platform、Platform.Cmd、Platform.Sub、Process、Result、Set、String、Task、Tuple
elm/file	File、File.Download、File.Select
elm/json	Json.Decode、Json.Encode
elm/html	Html、Html.Attributes、Html.Events、Html.Keyed、Html.Lazy
elm/http	Http
elm/svg	Svg、Svg.Attributes、Svg.Events、Svg.Keyed、Svg.Lazy
elm/random	Random
elm/parser	Parser、Parser.Advanced
elm/project-metadata-utils	Elm.Constraint、Elm.Docs、Elm.Error、Elm.License、Elm.Module、Elm.Package、Elm.Project、Elm.Type、Elm.Version
elm/regex	Regex
elm/time	Time
elm/url	Url、Url.Builder、Url.Parser、Url.Parser.Query
elm/virtual-dom	VirtualDom

すべてのパッケージは下記のサイトで検索することができます。

URL http://package.elm-lang.org/

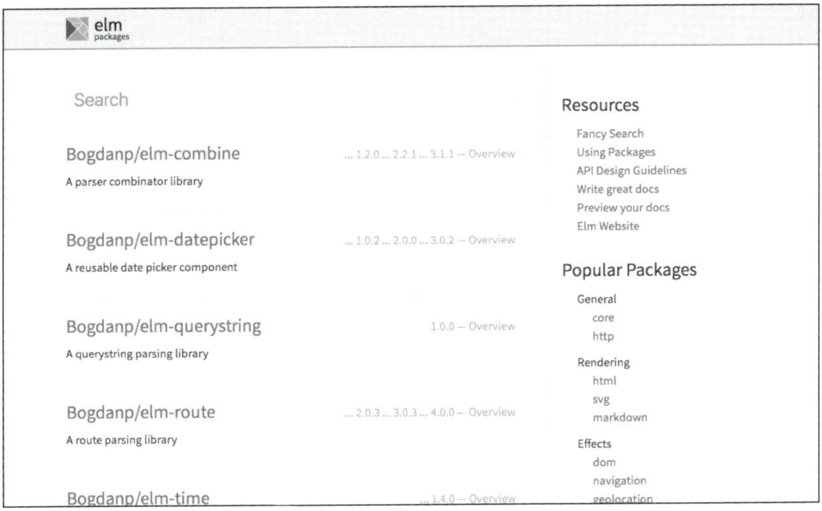

elm packages

Search

Bogdanp/elm-combine ... 1.2.0 ... 2.2.1 ... 3.1.1 — Overview
A parser combinator library

Bogdanp/elm-datepicker ... 1.0.2 ... 2.0.0 ... 3.0.2 — Overview
A reusable date picker component

Bogdanp/elm-querystring 1.0.0 — Overview
A querystring parsing library

Bogdanp/elm-route ... 2.0.3 ... 3.0.3 ... 4.0.0 — Overview
A route parsing library

Bogdanp/elm-time ... 1.4.0 — Overview

Resources
Fancy Search
Using Packages
API Design Guidelines
Write great docs
Preview your docs
Elm Website

Popular Packages
General
core
http
Rendering
html
svg
markdown
Effects
dom
navigation
geolocation

公式・サードパーティ製にかかわらず、すべてのパッケージがオープンソースです。また、パッケージの公開は特に制限なく誰でも行うことができます。

また、公式の他にも特別な意味を持ったライブラリ群があります。

ライブラリ名	説明
elm/*	Elmが公式に提供するライブラリ
elm-explorations/*	Elmのコミュニティメンバーによるコアライブラリ入りを目指すライブラリ
elm-community/*	Elmのコミュニティメンバーによる長期メンテナンスを目的にしたライブラリ
elm-community/*-extra	コアライブラリに入っていないAPIを補完することを目指したライブラリ

ところで、ここで重要な注意があります。 **`elm-lang/*` はElm 0.18以前のライブラリです。0.19以降はすべて `elm/*` です！** Webで検索すると出てきてしまうので、間違えないようにしてください（もう1つ、`evancz/elm-html` というライブラリも検索で出てきますが、こちらも古いライブラリですので注意してください）。

Ⅲ パッケージのインストール

パッケージを使うためには、それがプロジェクトにインストールされている必要があります。`elm init` した直後の `elm.json` ファイルを見てみましょう。

```
{
  "type": "application",
  "source-directories": ["src"],
  "elm-version": "0.19.0",
  "dependencies": {
    "direct": {
      "elm/browser": "1.0.1",
      "elm/core": "1.0.0",
      "elm/html": "1.0.0"
    },
    "indirect": {
      "elm/json": "1.0.0",
      "elm/time": "1.0.0",
      "elm/url": "1.0.0",
      "elm/virtual-dom": "1.0.2"
    }
  },
  "test-dependencies": {
    "direct": {},
    "indirect": {}
  }
}
```

このプロジェクトで使うことができるパッケージ

「"direct"」のパッケージを通じて間接的に利用しているパッケージ

`"dependencies"` の中の `"direct"` に書かれているのが、このプロジェクトで使うことのできるパッケージです。`"indirect"` に書かれているのは `"direct"` のパッケージを通じて間接的に利用しているパッケージです。

新しいパッケージをインストールして使うためには `elm install` コマンドを使います。`elm/http` をインストールしてみましょう（確認には `y` で答えてください）。

```
$ elm install elm/http
Here is my plan:

  Add:
    elm/http    1.0.0

Would you like me to update your elm.json accordingly? [Y/n]: y
Dependencies loaded from local cache.
Dependencies ready!
```

`elm.json` が次のように書き換わり、このプロジェクトで `elm/http` が使えるようになりました。

```
    "dependencies": {
        "direct": {
            "elm/browser": "1.0.1",
            "elm/core": "1.0.0",
            "elm/html": "1.0.0",
+           "elm/http": "1.0.0"
        },
        "indirect": {
            "elm/json": "1.0.0",
            "elm/time": "1.0.0",
            "elm/url": "1.0.0",
```

パッケージについての詳細や管理方法については《**プロジェクトの管理**》(p.162)で詳しく説明します。

CHAPTER 03

アプリケーションの作成

ここからは、いよいよアプリケーションを作っていきます。

まずは簡単なHTMLを作成するところからはじめ、徐々にイベントを扱う方法やHTTP通信、ナビゲーションを扱う方法などを紹介していきます。また、Elmアプリケーションを作る上で欠かせない概念である「Elmアーキテクチャ」も紹介します。

ここからは「elm repl」ではなく、「elm make」でHTMLファイルを作成して動作を確認します。《Hello, world》(p.24)と同じく「elm init」でプロジェクトを作成したら、いよいよスタートです!

HTML

Elmはアプリケーションの種類に応じて複数のプログラムの書き方を用意しています。ここでは、まずその中で一番簡単な静的なHTMLを書く方法を紹介します。ここでいう静的なHTMLとは、ユーザーインタラクションのない閲覧専用のページのことです。

HTMLを作成する

まずは簡単なHTMLをElmで書いてみましょう。生成したいのは、たとえば、次のようなHTMLです。

```
<a href="https://elm-lang.org">Elm</a>
```

そして次のコードが、同じHTMLを生成するElmのコードです。 `src/` ディレクトリに `Main.elm` というファイルを用意します。

```
import Html exposing (Html, a, text)
import Html.Attributes exposing (href)

main : Html msg
main =
  a [ href "https://elm-lang.org" ] [ text "Elm" ]
```

見比べてみると、HTMLとElmのコードが一対一で対応しているのがわかります。さらによく注意して見ると、すべて今まで見てきた文法で書かれていることに気づくでしょう。つまり、特別なテンプレートエンジンやマクロを導入する必要はないということです。

改めて、上から順にコードを追ってみましょう。インポートしている `Html` と `Html.Attributes` は、`elm/html` パッケージのモジュールです。 `a` 、`href` 、`text` は、それらのモジュールに定義された関数です。

`a` 関数は、第1引数に属性のリストを受け取り、第2引数に子要素のリストを受け取る関数です。

```
a [ href "https://elm-lang.org" ] [ text "Elm" ]
```

関数　第1引数(属性のリスト)

第2引数(子要素のリスト)

他の要素もすべて同じように、`要素名 [ 属性 , 属性 , ... ] [ 子要素 , 子要素 , ... ]` の形で書くことができます。

画面を確認するには、次のコマンドで `Main.elm` をコンパイルし、生成された `index.html` ファイルを開いてください。

```
$ elm make src/Main.elm
```

関数を作る

もう少し大きな画面も作ってみましょう。

SAMPLE CODE 3_1_html/src/Main.elm

```
main : Html msg
main =
  div []
    [ h1 [] [ text "Useful Links" ]
    , ul []
        [ li [] [ a [ href "https://elm-lang.org" ] [ text "Homepage" ] ]
        , li [] [ a [ href "https://package.elm-lang.org" ] [ text "Packages" ] ]
        , li [] [ a [ href "https://ellie-app.com" ] [ text "Playground" ] ]
        ]
    ]
```

多少の慣れが必要ですが、HTMLの知識があれば特に苦労することなく書けるはずです。

このままでもまったく問題ありませんが、必要であれば次のように細かく変数を宣言して呼び出すことも可能です。

```
main : Html msg
main =
  div [] [ header, content ]

header : Html msg
header =
  h1 [] [ text "Useful Links" ]

content : Html msg
content =
  ul []
    [ li [] [ a [ href "https://elm-lang.org" ] [ text "Homepage" ] ]
    , li [] [ a [ href "https://package.elm-lang.org" ] [ text "Packages" ] ]
    , li [] [ a [ href "https://ellie-app.com" ] [ text "Playground" ] ]
    ]
```

せっかくですから関数も作ってみましょう。

`li [] ...` というパターンが3回出てきているので、ここを共通化してみます。

```
linkItem : String -> String -> Html msg
linkItem url text_ =
  li [] [ a [ href url ] [ text text_ ] ]
```

これを使うと `content` を次のようにスッキリ書き直すことができます。

```
content : Html msg
content =
  ul []
    [ linkItem "https://elm-lang.org" "Homepage"
    , linkItem "https://package.elm-lang.org" "Packages"
    , linkItem "https://ellie-app.com" "Playground"
    ]
```

もっとも、この程度の規模のHTMLであれば無理に共通化せずベタに書いた方がわかりやすい気もしますが、ともかくこれでElmの強力な機能の一端を垣間見ることができました。

Html msg型

ここまで登場したHTML要素にはすべて `Html msg` 、属性にはすべて `Attribute msg` という型がついています。型変数 `msg` はまだ使わないのでおまじないだと思っていて大丈夫です。

さて、ここで先ほどの一番簡単な例を、今度は型とともに振り返ってみましょう。

```
main : Html msg
main =
  a [ href "https://elm-lang.org" ] [ text "Elm" ]
```

ここで登場している関数は次の3つです。

```
a : List (Attribute msg) -> List (Html msg) -> Html msg

href : String -> Attribute msg

text : String -> Html msg
```

これらを組み合わせて、最終的に `main` と同じ `Html msg` 型の値になっていることが確認できればOKです。

ところで、先ほどから登場している `Html msg` 型の値ですが、これはVirtual DOMと呼ばれるDOMとよく似たオブジェクトです。Virtual DOMはパフォーマンスの高いビューの更新のために導入している仕組みで、Elmの売りの1つでもあります。Virtual DOMついては後でじっくり解説しますが、気になる方は先に**《描画の仕組みと高速化》**(p.154)をのぞいてみてください。

COLUMN Elm特有のHTMLの書き方

ほとんどHTML感覚で書くことができますが、ときどきElm特有の書き方があるので少し触れておきます。

```
div
    -- class は並べて書くことができます
    [ class "large"
    , class "foo bar"
    , class (if good then "good" else "bad")
    -- style も同様です
    , style "color" "red"
    , style "font-weight" "bold"
    -- Bool 型を受け取る属性があります
    -- (setAttribute() ではなく .disabled プロパティにセットしています)
    , disabled True
    ]
    []
```

条件分岐をしたときに「片方の枝では何も表示したくない」という場合、次のように空のテキストノードやclass属性を作る方法がよく使われます（ちょっと気持ち悪いかもしれませんが特に問題にはなりません）。

```
div
    [ if awesome then class "awesome" else class "" ]
    [ case maybeName of
        Just name ->
            div [] [ text name ]

        Nothing ->
            text ""
    ]
```

Elmアーキテクチャ

続いて、ユーザー操作を受け付けるインタラクティブなアプリケーションを作ってみましょう。先ほどまではHTMLをただ書くだけでしたが、ここからはクリックやキー入力など、さまざまなイベントハンドリングを行う必要があります。

そのためのキーとなる概念が**Elmアーキテクチャ**です。

Elmアーキテクチャは、**モデル(MODEL)・アップデート(UPDATE)・ビュー(VIEW)**という3つのパーツからなります。

- **モデル(MODEL):アプリケーションの状態**
- **アップデート(UPDATE):必要に応じてモデルを更新する処理**
- **ビュー(VIEW):モデルをもとにHTMLを生成する処理**

Elmのアプリケーションはどんなアプリケーションも必ずこの構造で作ります。そのため、規模が大きくなっても非常に見通しがよく、どこで何をしているのかがすぐにわかるのがメリットです。より詳細には次の例を見ながら説明していきましょう。

カウンターを作る

最初の例として、カウンターと呼ばれるアプリケーションを作ります。「+」ボタンをクリックすると数字が増え、「−」ボタンを押すと数字が減るだけのシンプルなアプリケーションです。

-
0
+

まずは、雰囲気を掴むために完成したコードの全体を眺めてみましょう。

SAMPLE CODE 3_2_counter/src/Main.elm

```
module Main exposing (main)

import Browser
import Html exposing (Html, button, div, text)
import Html.Events exposing (onClick)

main : Program () Model Msg
main =
    Browser.sandbox
        { init = init
        , update = update
        , view = view
        }


-- MODEL

type alias Model =
    Int

init : Model
init =
    0


-- UPDATE

type Msg
    = Increment
    | Decrement

update : Msg -> Model -> Model
update msg model =
    case msg of
        Increment ->
            model + 1

        Decrement ->
            model - 1


-- VIEW

view : Model -> Html Msg
```

```
view model =
    div []
        [ button [ onClick Decrement ] [ text "-" ]
        , div [] [ text (String.fromInt model) ]
        , button [ onClick Increment ] [ text "+" ]
        ]
```

プログラムを大きく、MODEL、UPDATE、VIEWという3つの部分に分けている点に注目してください。どんなプログラムでも、これが基本形です。

MODEL

モデル（MODEL）はアプリケーションが管理すべき状態を表したものです。どんなアプリケーションでもまずモデルを考えるところから始めます。

「カウンター」を作るときに、管理しなければいけない状態とは何でしょうか。答えは「カウンターの数値」、つまり `1` 、`2` 、`3` 、…と増えていくその数値です。このアプリケーションの状態を言い表すのに、この情報だけあれば十分です。

モデルは `Model` という型で表現します。

```
type alias Model = Int

init : Model
init =
    0
```

ここでは `Model` の型は `Int` の別名、初期値は `0` としています。

UPDATE

アップデート（UPDATE）には、モデルを変更する方法を記述します。

ユーザーがボタンを押すたびにElmアプリケーションは**メッセージ**を受け取ります。この「カウンター」アプリでは「1増やす（Increment）」「1減らす（Decrement）」という2つのメッセージを受け取ります。メッセージは、慣例として `Msg` という名前のカスタム型で表現します。

```
type Msg = Increment | Decrement
```

これらのメッセージを受け取ったときに、モデルを更新する関数が `update` です。

```
update : Msg -> Model -> Model
update msg model =
    case msg of
        Increment ->
            model + 1

        Decrement ->
            model - 1
```

更新するといっても、すべての値は不変ですから、ここでは「古いモデルを受け取って新しいモデルを返す」という意味です。ここではパターンマッチで `Increment` なら1増やした値を、`Decrement` なら1減らした値を返しています。

VIEW

ビュー(VIEW)は、モデルをもとに画面を生成する部分です。

`view` という関数を用意し、ここではボタンを2つとその間にカウンターの数値を表示しています。

```
view : Model -> Html Msg
view model =
    div []
        [ button [ onClick Decrement ] [ text "-" ]
        , div [] [ text (String.fromInt model) ]
        , button [ onClick Increment ] [ text "+" ]
        ]
```

ここで、`Model` はカウンターの数値で型は `Int` の別名です。 `text` は引数に文字列をとるので、`String.fromInt` によってを文字列に変換しています。

`onClick` は `Html.Events` モジュールに定義されている関数で、クリック時に受け取りたいメッセージ(ここでは `Decrement`)を引数にとります。

ところで、`view` 関数の戻り型 `Html Msg` の `Msg` が大文字から始まっていることに気づいたでしょうか? これは先ほど、UPDATE部分で自分で定義したメッセージです。 `Html Msg` という型によって「この要素は `Msg` 型のメッセージを発生させる」ということを示しているわけです。

ここにきて、ようやく「 `Html msg` 」の正体が明らかになりました。 **`Html msg` は「 `msg` 型のメッセージを発生させうる要素」**、同様に `Attribute msg` は「 `msg` 型のメッセージを発生させうる属性」を表しています。

《HTML》(p.108)で静的なHTMLを扱ったときは `msg` は型変数のままでした。これはメッセージを何も発生させないので具体的な型が決まらなかったということです。

Browser.sandbox

最後に、モデル・アップデート・ビューのそれぞれで定義した型や関数を組み合わせて `main` を作ります。

```
main : Program () Model Msg
main =
    Browser.sandbox
        { init = init
        , update = update
        , view = view
        }
```

`Browser.sandbox` は `init`、`update`、`view` の3つの関数をレコードの形で要求しています。サンドボックスという名前がついているのは、これがElmアーキテクチャの中で最も簡単な形だからです。

`Browser.sandbox` の型も見ておきましょう。

```
sandbox :
    { init : model
    , view : model -> Html msg
    , update : msg -> model -> model
    }
    -> Program () model msg
```

この型は一見すると複雑に見えますが、型変数は `model` と `msg` の2つしかありません。`Model`、`Msg` という具体的な型を当てはめると最終的に `main` の型は `Program () Model Msg` になり、すべて辻褄が合います。

`()` は《フラグとポート》(p.171)で詳しく解説しますが、このプログラムの起動時に外部から受け取るフラグの型を示しています。このプログラムは何も受け取らないため `()` となっています。

お疲れ様でした。以上であなたの仕事は終わりです。後はElmが裏ですべてをうまく運んでくれます。

デバッガーで挙動を確認する

いつものように `elm make` でコンパイルするのですが、ここではElmに付属しているデバッガーを使ってみましょう。次のように `--debug` オプションを使ってコンパイルするとデバッガーが組み込まれます。

```
$ elm make src/Counter.elm --debug
```

`index.html` を開くと、右下に小さなタブが表示されています。これは、Elmアーキテクチャに特化したデバッガーです。クリックすると次のようなポップアップが表示されます。

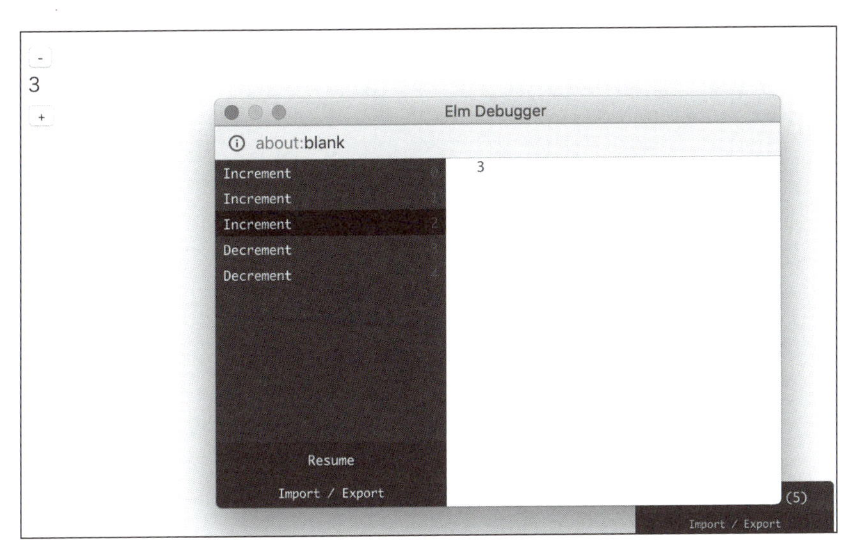

この画面を開いた状態で、カウンターのボタンを押してみましょう。

画面の左側に受信したメッセージの一覧、右側にはモデルの状態がリアルタイムに表示されます。また、過去の状態に遡ってモデルやビューの状態を見ることもできます。

実践1：フォーム入力

今度はフォーム入力のあるアプリケーションを作ってみましょう。簡単なお題として、ユーザーが入力したメモをリストにして並べていくアプリケーションを考えます。

Submit

- Milk
- Orange
- Pineapple
- Apple
- Google
- GitHub
- JavaScript
- Elm

ひな形を作る

今回も、Elmアーキテクチャの基本パターンである `Browser.sandbox` を使います。まだ何も考えていませんが、まずはひな形を作るところから始めましょう。

```
import Browser
import Html exposing (..)
import Html.Attributes exposing (..)
import Html.Events exposing (..)

main : Program () Model Msg
main =
    Browser.sandbox
        { init = init
        , update = update
        , view = view
        }
```

```
-- MODEL

type alias Model =
    {}

init : Model
init =
    {}

-- UPDATE

type Msg =
    Msg

update : Msg -> Model -> Model
update msg model =
    model

-- VIEW

view : Model -> Html Msg
view model =
    text ""
```

準備が整ったので、上から順番に埋めていきましょう。

MODEL

まずはモデル（MODEL）です。このアプリケーションでは、次の2つの状態が必要です。

- 入力中の文字列
- メモのリスト

これをそのままレコードにします。

```
type alias Model =
    { input : String
    , memos : List String
    }
```

次に、初期値を決めます。入力は初期状態で空の文字列、メモも空のリストでよいでしょう。

```
init : Model
init =
    { input = ""
    , memos = []
    }
```

UPDATE

次にアップデート（UPDATE）です。ここでは、モデルを更新する処理として次の2つを考えます。

- 1文字入力する → 入力文字列を更新する
- 送信ボタンを押す → 最新のメモを追加する・入力文字列をリセットする

これをそのままコードに落とし込みます。

```
type Msg
    = Input String -- String はユーザー入力した文字列
    | Submit


update : Msg -> Model -> Model
update msg model =
    case msg of
        Input input ->
            -- 入力文字列を更新する
            { model | input = input }

        Submit ->
            { model
                -- 入力文字列をリセットする
                | input = ""
                -- 最新のメモを追加する
                , memos = model.input :: model.memos
            }
```

`Input` の分岐では、ユーザーが入力した文字列で `input` フィールドを更新しています。このメッセージは、後述する `onInput` によって1文字入力するたびに最新の文字列を受け取ることができます。

`Submit` の分岐では、入力中の文字列を `memos` の先頭に追加します。また、次の入力に備えて `input` を空に戻しておきます。

VIEW

最後にビュー（VIEW）です。テキストフィールド、送信ボタン、メモのリストを並べます。

```
view : Model -> Html Msg
view model =
    div []
        [ Html.form [ onSubmit Submit ]
            [ input [ value model.input, onInput Input ] []
            , button
                [ disabled (String.length model.input < 1) ]
                [ text "Submit" ]
```

```
            ]
        , ul [] (List.map viewMemo model.memos)
        ]


viewMemo : String -> Html Msg
viewMemo memo =
    li [] [ text memo ]
```

メモのリストを表示する部分に関しては特に言うことはないでしょう。しかし、2つのイベントハンドリングに関してはクリックのときよりもいくらか複雑なので丁寧に見ていきましょう。

▶ onInput

まず `input [ onInput Input, value model.input ] []` の部分です。ここでは次の2つのことをしています。

1. モデルが持っている「input」フィールドを「value」として渡す
2. ユーザーが入力した文字列を「onInput」で受け取ってモデル側に送り返す

イメージとしては、次の図のように双方向に入力値をやり取りしている形になります。

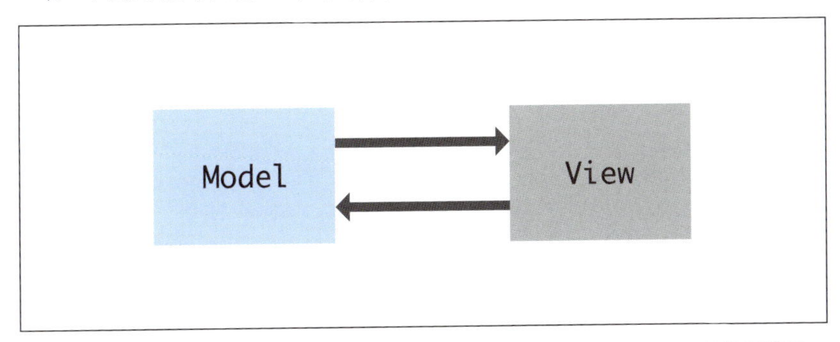

また、`onInput Input` の部分についても少し考える必要がありそうです。`onInput` 関数の型を見てみましょう。

```
onInput : (String -> msg) -> Attribute msg
```

この関数は、入力文字列をメッセージに変換するための関数を受け取ります。そして、ここでは `Input` を渡しています。「 `Input` が関数?」と混乱した方は、カスタム型のコンストラクタは関数であることを思い出してください(《カスタム型とパターンマッチ》(p.63)で解説しています)。`Input String` が `Msg` であることから逆算すると、`Input` は `String -> Msg` だということがわかります(慣れないうちは `onInput (\s -> Input s)` のように匿名関数で表す方が直感的かもしれません)。

▶ onSubmit

次に、`onSubmit Submit` の部分です。何気ない実装に見えますが、実は `onSubmit` には仕掛けがあります。

ドキュメントを見てみましょう。

URL https://package.elm-lang.org/packages/elm/html/latest/Html-Events#onSubmit

```
onSubmit : msg -> Attribute msg

    Detect a submit event with preventDefault in order to prevent the form from changing the
page's location. If you need different behavior, create a custom event handler.
```

説明によると、`submit` イベントを拾うだけでなく、`preventDefault()` も実行してくれるようです。さもなければ、ブラウザのデフォルトの挙動によりページが切り替わってしまうからです(JavaScriptで実装したことがある方はお馴染みかもしれません)。

また、「この挙動を望まない場合はカスタムなイベントハンドラーを作るように」とも書いてあります(`Html.Events.custom` をパッケージサイトで探して調べてみてください)。

Ⅲ 入力値バリデーションの追加

これで完成、と言いたいところですが、バリデーション処理も追加しておきましょう。入力が空の場合は送信を無効にした方が体験としてよさそうです。

```
        , button
            -- 文字列が空ならば disabled 属性を True にする
            [ disabled (String.isEmpty (String.trim model.input)) ]
            [ text "Submit" ]
```

これだけで、空文字のメモが作成されるのを防止することができます。他にもボタンのスタイルをもう少し見やすくしたり、エラーメッセージを赤文字で表示するなどの工夫は考えられそうですが、今回はこれでよしとしましょう。

また、よくある悩みとして「『バリデーション結果がエラーである』という状態をModelに持たせるべきかどうか」というのがあります。

いろいろなフォームがあるので一概にはいえませんが、今回のフォームに限っていえば「持たせるべきではありません」。なぜなら、`model.input` の情報があれば、そこからエラーかどうかが導けるからです。Modelが持つ状態は最小限にしておいた方がデータの不整合が起きにくくなります。

Ⅲ 動作確認

これで完成です！　望みの挙動が実現できたでしょうか？

COLUMN **削除処理の追加**

余力のある方は、メモを削除する処理も追加してみましょう。それぞれのメモに「削除」ボタンをつけて、押されたらそのメモを削除するのがよさそうです。メッセージには「何番目のメモが押されたのか」という情報を含めてやればよいでしょう。

```
type Msg
    = Input String
    | Submit
+   | Delete Int
```

また、別のパターンとして「チェックのついたメモを一括削除」という仕様も考えられます。この場合は、モデルを拡張して「何番目のメモがチェックされているか」という状態を持つとよいかもしれません。

```
type alias Model =
    { input : String
    , memos : List String
+   , checked : Set Int
    }

type Msg
    = Input String
    | Submit
+   | Check Int Bool
+   | Delete
```

これはあくまで一例です！　ぜひ自分でいろいろと試してみてください。

COLUMN attributeとproperty

DOM要素の属性値を操作する方法にはattributeとpropertyという2種類の方法があります。attributeは `domNode.setAttribute('class', 'user-info')` のように記述し、propertyは `domNode.className = 'user-info'` のように記述します。

`elm/html` の `Html.Attribute msg` 型の値は、名前こそattributeですが、内部実装としてはattributeとpropertyが混在しています。特に `Html.Attributes.value` のように動的に値を変更する必要がある場合にはpropertyが使われています。attributeはどちらかというと、マークアップとしてのHTMLの属性を想定しており、ユーザーが一度、値を入力するとそれ以降のプログラムから値を更新できなくなってしまうからです（上記の例でいうと、`model.input` を空文字列でリセットする処理が効かなくなります）。

```
div []
    -- 一度入力するとそれ以降プログラムで値を変更できなくなる
    [ input [ onInput Input, attribute "value" model.value ] [ ]
    -- いつでもプログラムで値を変更可能(Html.Attributes.valueはこちらの実装になっている)
    , input [ onInput Input, property "value" (E.string model.value) ] [ ]
    ]
```

同様の話として、`textarea` 要素の値を変更したいときに、子要素のテキストノードに入れた値が変更できなくなることがあります。代わりに `value` を使うことでこの問題を回避できます。

```
-- NG
textarea [] [ text model.value ]
-- OK
textarea [ value model.value ] []
```

コマンドとサブスクリプション

ここまでElmアーキテクチャの基本を学んできましたが、`Browser.sandbox`でできることは限られています。たとえば、現在時刻を取得したりHTTPリクエストを発行したりということは今の知識だけでは実現することはできません。

そこで、もっとできることの幅を広げるために、より表現力豊かなプログラムの作り方を学びましょう。

Elmプログラムの動作原理

新しい概念を導入する前に、まず`Browser.sandbox`がどのように動いているのかを考察しておきましょう。次の図をみてください。

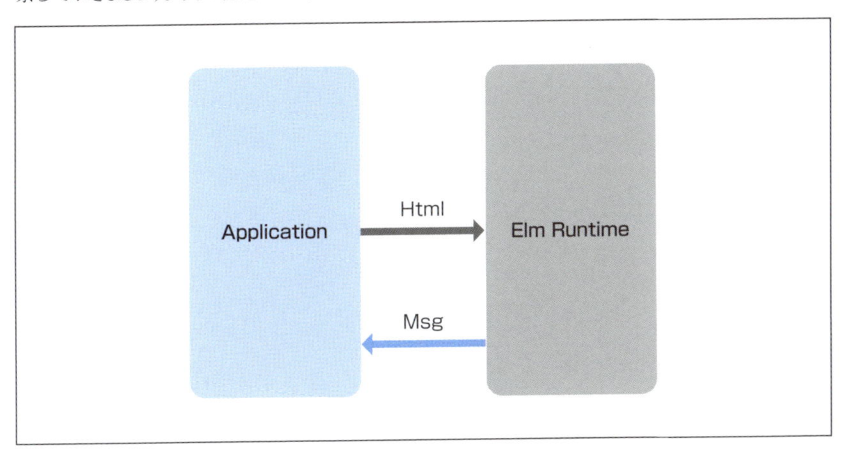

私たちのアプリケーションはHTML(Virtual DOM)を生成してElmのランタイムシステムに渡します。すると、ElmのランタイムシステムはDOMの生成・更新といった処理を行い、イベントが起こり次第それをメッセージとしてアプリケーションに返してくれます。このサイクルを何度も繰り返すことでプログラムが動作します。つまり、Elmのプログラムはアプリケーションとランタイムシステムとの対話と捉えることができます。

ランタイムシステムとやり取りする方法はあと2つあります。**コマンド(Command)**と**サブスクリプション(Subscription)**です。この2つを使うと、それぞれ次のようなことが可能になります。

▶ コマンド(Command)

ランタイムに何らかの処理を実行させ、その結果をメッセージとして受け取ります(例:HTTPリクエストの発行)。

▶ サブスクリプション(Subscription)

ランタイムに何らかのイベントを監視させ、通知をメッセージとして受けます(例:WebSocketメッセージの受信)。

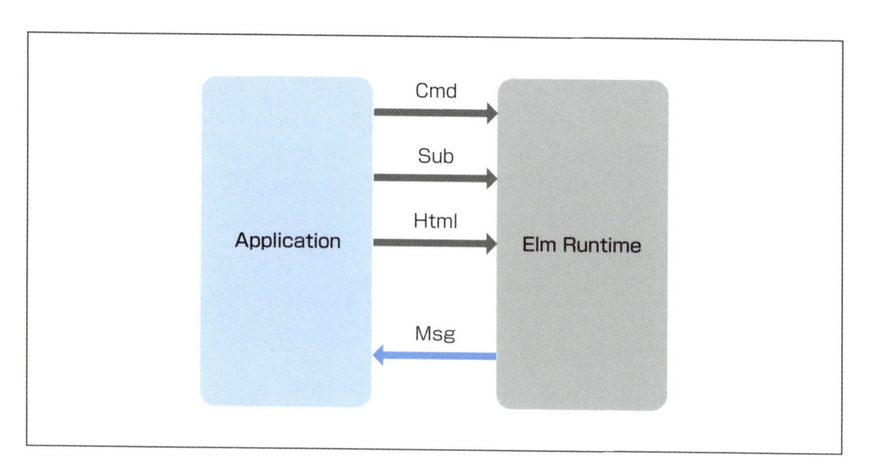

Browser.element

コマンドとサブスクリプションを使うためには `Browser.element` を使ってプログラムを書く必要があります。 `Browser.element` は `Browser.sandbox` よりも少しだけ多くの要素を持っています。

```
Browser.element :
    { init : flags -> ( model, Cmd msg )
    , view : model -> Html msg
    , update : msg -> model -> ( model, Cmd msg )
    , subscriptions : model -> Sub msg
    }
    -> Program flags model msg
```

いきなりこの型を見せられても理解できないと思いますが、今の段階では `Cmd msg` と `Sub msg` という2つの型が増えていることだけ確認できれば十分です。

次節から使い方を見ていきましょう。

コマンド

コマンドを使うと、ランタイムに何らかの処理を実行させ、その結果をメッセージとして受け取ることができます。コマンドの例としては、HTTPリクエストの発行やランダム値の生成、現在時刻の取得などが挙げられます。

ここでは、Webアプリを作る上でおそらく最も欠かせないHTTPリクエストを発行する方法を紹介します。`elm/http` パッケージが必要になるので、`elm install elm/http` で事前にインストールしておいてください。

コマンドの考え方

たとえば、「何かボタンをクリックしたら HTTP リクエストを発行する」ような状況を想像してみましょう。ボタンを押してメッセージを受け取るところまでは今までと同じです。

```
type Msg
    = Click

update : Msg -> Model -> Model
update msg model =
    case msg of
        Click ->
            Debug.todo "ここで HTTP リクエストを発行したい"
```

HTTPリクエストは非同期処理ですから、この分岐の処理内で結果を即座に受け取ることはできません。では、どうするかというとElmのランタイムシステムに「このリクエストの結果が帰ってきたらメッセージをちょうだい」とお願いするわけです。これがコマンドです。

このアイデアをもとに少しだけ前進してみましょう。

```
update : Msg -> Model -> (Model, Cmd Msg)
update msg model =
    case msg of
        Click ->
            (model, Debug.todo "HTTP リクエストを発行するコマンド")
```

ここでまず注目すべき点は、`Model` と `Cmd` をタプルで返すということです。新しい `update` 関数は新しいモデルを返すと同時に、何らかのコマンドを一緒に返すということです。

もう1つ注目すべき点は `Cmd Msg` という型です。これは、ランタイムから結果を `Msg` 型のメッセージとして受け取りたいという意味です。より一般的にいうと、**`Cmd msg` という型は「結果を `msg` 型のメッセージで返すコマンド」を表しています。**

Httpモジュールを使う

`Http` モジュールを使うと `update` 関数はこんな風に書けます。次の例ではGitHub APIを利用して `elm/core` パッケージのリポジトリの情報を取得しています。

```
type Msg
    = Click
    | GotRepo (Result Http.Error String)

update : Msg -> Model -> ( Model, Cmd Msg )
update msg model =
    case msg of
        Click ->
            ( model
            -- リクエストを発行
            , Http.get
                { url = "https://api.github.com/repos/elm/core"
                , expect = Http.expectString GotRepo
                }
            )

        -- 成功したとき
        GotRepo (Ok repo) ->
            ( { model | result = repo }, Cmd.none )

        -- 失敗したとき
        GotRepo (Err error) ->
            ( { model | result = Debug.toString error }, Cmd.none )
```

`Http.get ...` でコマンドを作り、レスポンスを `GotRepo ...` というメッセージで受け取っています。レスポンスが `Result` なのはネットワークエラーやサーバー障害など、さまざまな理由でリクエストが失敗する可能性があるからです。ここではパターンマッチで成功と失敗に分岐してそれぞれ処理を書いています。

注意すべき点としては、`Http.get` 関数を実行した時点でリクエストを発行しているわけではないというところです。ここではあくまでコマンドを作っているだけで、実行されるタイミングは `update` 関数がそのコマンドをElmのランタイムシステムに返した後です。

普段はあまり気にしなくても問題にはなりませんが、`let ~ in` の中でコマンドを作るだけ作って捨ててしまうと何も起きませんので注意してください。

コード例

これまでのコードを含めた全体のコードは次のようになります。

SAMPLE CODE 3_5_http/src/Main.elm

```
module Main exposing (main)

import Browser
import Html exposing (..)
import Html.Events exposing (..)
import Http

main : Program () Model Msg
main =
    Browser.element
        { init = init
        , view = view
        , update = update
        , subscriptions = \_ -> Sub.none
        }


-- MODEL

type alias Model =
    { result : String
    }

init : () -> ( Model, Cmd Msg )
init _ =
    ( { result = "" }
    , Cmd.none
    )


-- UPDATE

type Msg
    = Click
    | GotRepo (Result Http.Error String)

update : Msg -> Model -> ( Model, Cmd Msg )
update msg model =
    case msg of
        Click ->
            ( model
            , Http.get
                { url = "https://api.github.com/repos/elm/core"
```

```
                , expect = Http.expectString GotRepo
                }
            )

        GotRepo (Ok repo) ->
            ( { model | result = repo }, Cmd.none )

        GotRepo (Err error) ->
            ( { model | result = Debug.toString error }, Cmd.none )


-- VIEW


view : Model -> Html Msg
view model =
    div []
        [ button [ onClick Click ] [ text "Get Repository Info" ]
        , p [] [ text model.result ]
        ]
```


`main` 関数では `Browser.sandbox` ではなく、`Browser.element` が使われています。`init` と `update` の2箇所でコマンドを返すチャンスがありますが、今回コマンドを返しているのは `update` だけです。`init` では「何もコマンドがない」ことを示す `Cmd.none` を返しています。

また、`Http.get` 関数は次のようなAPIになっています。

```
get :
    { url : String
    , expect : Expect msg
    }
    -> Cmd msg

expectString : (Result Error String -> msg) -> Expect msg
```

`expectString` はフォーム入力の例で出てきた `Html.Events.onInput : (String -> msg) -> Attribute msg` と形が似ています。レスポンスをメッセージに変換する関数を渡しておけばメッセージが手に入るというわけです。ここではレスポンスは `Result Error String` だといっているので、成功したら `Ok String`（ボディに含まれる文字列）、失敗したら `Err Http.Error` が返ってきます。

より詳細にはAPIドキュメントを参照してください。

URL https://package.elm-lang.org/packages/elm/http/latest/Http

では、このプログラムを実行してみましょう。ボタンを押すと、次のようにレスポンスが表示されます。

Get Repository Info

{ "id": 25231002, "node_id": "MDEwOlJlcG9zaXRvcnkyNTIzMTAwMg==", "name": "core", "full_name": "elm/core", "private": false, "owner": { "login": "elm", "id": 20698192, "node_id": "MDEyOk9yZ2FuaXphdGlvbjIwNjk4MTky", "avatar_url": "https://avatars2.githubusercontent.com/u/20698192?v=4", "gravatar_id": "", "url": "https://api.github.com/users/elm", "html_url": "https://github.com/elm", "followers_url": "https://api.github.com/users/elm/followers", "following_url": "https://api.github.com/users/elm/following{/other_user}", "gists_url": "https://api.github.com/users/elm/gists{/gist_id}", "starred_url": "https://api.github.com/users/elm/starred{/owner}{/repo}", "subscriptions_url": "https://api.github.com/users/elm/subscriptions", "organizations_url": "https://api.github.com/users/elm/orgs", "repos_url": "https://api.github.com/users/elm/repos", "events_url": "https://api.github.com/users/elm/events{/privacy}", "received_events_url": "https://api.github.com/users/elm/received_events", "type": "Organization", "site_admin": false }, "html_url": "https://github.com/elm/core", "description": "Elm's core libraries", "fork": false, "url": "https://api.github.com/repos/elm/core", "forks_url": "https://api.github.com/repos/elm/core/forks", "keys_url": "https://api.github.com/repos/elm/core/keys{/key_id}", "collaborators_url": "https://api.github.com/repos/elm/core/collaborators{/collaborator}", "teams_url": "https://api.github.com/repos/elm/core/teams", "hooks_url": "https://api.github.com/repos/elm/core/hooks", "issue_events_url": "https://api.github.com/repos/elm/core/issues/events{/number}", "events_url": "https://api.github.com/repos/elm/core/events", "assignees_url": "https://api.github.com/repos/elm/core/assignees{/user}", "branches_url": "https://api.github.com/repos/elm/core/branches{/branch}", "tags_url": "https://api.github.com/repos/elm/core/tags", "blobs_url": "https://api.github.com/repos/elm/core/git/blobs{/sha}", "git_tags_url": "https://api.github.com/repos/elm/core/git/tags{/sha}", "git_refs_url": "https://api.github.com/repos/elm/core/git/refs{/sha}", "trees_url": "https://api.github.com/repos/elm/core/git/trees{/sha}", "statuses_url": "https://api.github.com/repos/elm/core/statuses/{sha}", "languages_url": "https://api.github.com/repos/elm/core/languages", "stargazers_url": "https://api.github.com/repos/elm/core/stargazers", "contributors_url": "https://api.github.com/repos/elm/core/contributors", "subscribers_url": "https://api.github.com/repos/elm/core/subscribers", "subscription_url": "https://api.github.com/repos/elm/core/subscription", "commits_url": "https://api.github.com/repos/elm/core/commits{/sha}", "git_commits_url": "https://api.github.com/repos/elm/core/git/commits{/sha}", "comments_url":

これで無事、HTTP通信を行うことができました!

さて、画面に結果を表示することはできましたが、JSONを文字列のまま画面に表示してもあまり面白くありませんね。JSON文字列をElmの型のついた値に変換する方法については次の節で説明します。

Cmd.batch

1回の `update` で複数のコマンドを同時に実行したい場合は `Cmd.batch` を使います。

```
Cmd.batch : List (Cmd msg) -> Cmd msg
```

```
    Cmd.batch
        [ Http.get
            { url = "https://api.github.com/repos/elm/core"
            , expect = Http.expectString GotCoreModule
            }
        , Http.get
            { url = "https://api.github.com/repos/elm/svg"
            , expect = Http.expectString GotSvgModule
            }
        ]
```

コマンドは並列に実行され、それぞれメッセージが返ってきます。

その他の関数についてはAPIドキュメントを参照してください。

URL https://package.elm-lang.org/packages/elm/core/latest/Platform-Cmd

SECTION-022

JSON

Elmでは、外部から取得したJSONをElmで扱える(型のついた)値に変換することを**デコード**といいます。JSONといえば、`{ "foo": "bar" }`のように文字列表現のことを指しますが、デコード処理は文字列だけでなくJavaScriptの任意の値をElmの値として解釈するときにも使います。

デコード処理の典型例としては、HTTPのレスポンスのボディに含まれているJSONを解釈したり、DOMイベントから任意の値を取得するなどが挙げられます。

逆にElmの(型のついた)値をJSONに変換することを**エンコード**といいます。

- デコード
  - JSON形式の文字列(String) ➡ Elmの値
  - 任意のJavaScriptの値(Json.Encode.Value) ➡ Elm の値
- エンコード
  - Elmの値 ➡ JSON形式の文字列(String)
  - Elmの値 ➡ 任意のJavaScriptの値(Json.Encode.Value)

ここでは、`elm/json` パッケージで提供されている `Json.Decode` と `Json.Encode` の使い方を紹介します。なお、`elm/json` パッケージを使用可能にするには、`elm install elm/json` コマンドを実行しておく必要があります。

JSONデコーダー

JSONをElmの値に変換するには**デコーダー**が必要です。さまざまな種類のデコーダーがJson.Decodeモジュールに定義されています。

```
import Json.Decode exposing (Decoder, Error, int, string, float, bool)
```

最も簡単なデコーダーとしては次のようなものがあります。

```
string : Decoder String
int : Decoder Int
float : Decoder Float
bool : Decoder Bool
```

`Decoder a` はデコードが成功したときに `a` 型の値を返すデコーダーです。次の `decodeString` にデコーダーと解析したい文字列を渡すと、結果がResultで返ってきます。

```
decodeString : Decoder a -> String -> Result Error a
```

いくつか試してみましょう。

```
> import Json.Decode exposing (..)

> decodeString int "42"
Ok 42 : Result Error Int

> decodeString float "3.14159"
Ok 3.14159 : Result Error Float

> decodeString bool "true"
Ok True : Result Error Bool

> decodeString int "true"
Err (Failure ("Expecting an INT") <internals>)
    : Result Error Int
```

配列をデコードする

配列をリストにデコードしたいときは、`list` 関数を使います。

```
list : Decoder a -> Decoder (List a)
```

この型定義によると、`Decoder Int` を渡せば `Decoder (List Int)` ができるということのようです。試してみましょう。

```
> import Json.Decode exposing (..)

> int
<internals> : Decoder Int

> list int
<internals> : Decoder (List Int)

> decodeString (list int) "[1,2,3]"
Ok [1,2,3] : Result Error (List Int)

> decodeString (list string) """["hi", "yo"]"""
Ok ["hi", "yo"] : Result Error (List String)

> decodeString (list (list int)) "[ [0], [1,2,3], [4,5] ]"
Ok [[0],[1,2,3],[4,5]] : Result Error (List (List Int))
```

期待した通りにリストをデコードすることができました。

オブジェクトをデコードする

オブジェクトのデコードを考えたいのですが、まずは `field` 関数を使って1つのフィールドだけをデコードしてみましょう。

```
field : String -> Decoder a -> Decoder a
```

上記の型から察しがつくとよいのですが、最初の引数はフィールドのキー名で、次の引数がフィールドの値のためのデコーダーです。たとえば、`field "x" int` とすることで「 `x` フィールドを `Int` として取得する」デコーダーを作ることができます。

使い方は次の通りです。

```
> import Json.Decode exposing (..)

> field "x" int
<internals> : Decoder Int

> decodeString (field "x" int) """{ "x": 3, "y": 4 }"""
Ok 3 : Result Error Int

> decodeString (field "y" int) """{ "x": 3, "y": 4 }"""
Ok 4 : Result Error Int
```

今度は2つのフィールド(`x` , `y`)を同時に取得してみましょう。`map2` という関数を使います。

```
map2 : (a -> b -> value) -> Decoder a -> Decoder b -> Decoder value
```

この関数は2つのデコーダーを受け取ります。両方が成功した場合に、最初の関数を使って最終的な結果を作ります。

```
> import Json.Decode exposing (..)

> type alias Point = { x : Int, y : Int }

> Point
<function> : Int -> Int -> Point

> pointDecoder = map2 Point (field "x" int) (field "y" int)
<internals> : Decoder Point

> decodeString pointDecoder """{ "x": 3, "y": 4 }"""
Ok { x = 3, y = 4 } : Result Error Point
```

フィールドが3つ、4つと増えた場合も同様にして `map3` 、`map4` を使います。

COLUMN **NoRedInk/elm-json-decode-pipeline**

Json.Decodeモジュールは `map8` 関数までしか提供していません。もっと大きな(フィールドの数が9以上の)オブジェクトを扱うのであれば、`NoRedInk/elm-json-decode-pipeline` パッケージにも目を通しておきましょう。こちらはパイプを使ってよりスマートにオブジェクトを作ることができます。

```
import Json.Decode exposing (Decoder, int, succeed)
import Json.Decode.Pipeline exposing (required)


type alias Point =
    { x : Int, y : Int }


pointDecoder : Decoder Point
pointDecoder =
    succeed Point
        |> required "x" int
        |> required "y" int
```

その他のデコーダー

他にもいくつか便利なデコーダーがあります。

▶ at : List String -> Decoder a -> Decoder a

`at` は、ネストしたオブジェクトのフィールドをデコードします。

```
json = """{ "person": { "name": "tom", "age": 42 } }"""

decodeString (at ["person", "name"] string) json  == Ok "tom"
decodeString (at ["person", "age" ] int    ) json  == Ok "42
```

▶ andThen : (a -> Decoder b) -> Decoder a -> Decoder b

`andThen` は、一部をデコードした結果に応じて残りをデコードします。

```
type FooBar
    = Foo Int String
    | Bar Bool

foobar : Decoder FooBar
foobar =
    field "type" string
        |> andThen foobarHelp
```

```
foobarHelp : String -> Decoder FooBar
foobarHelp type_ =
    case type_ of
        "foo" ->
            map2 Foo
                (field "id" int)
                (field "name" string)

        "bar" ->
            map Bar
                (field "flag" bool)

        _ ->
            fail "type should be one of [foo, bar]"
```

▶value : Decoder Value

`value`は、任意のJSONを`Json.Encode.Value`型にデコードします(`Json.Encode.Value`の別名として`Json.Decode.Value`を使うこともできます)。

これは即座にデコードせずにいったん任意の値としておき、後で改めてデコードする場合に便利です。

```
type alias Message = { timestamp : Float, data : Value }

messageDecoder : Decoder Message
messageDecoder =
    map2 Message
        (field "timestamp" float)
        (field "data" value) --  この時点では何かわからない(何でもいい)

getData : (Decoder a) -> Message -> Maybe a
getData decoder { data } =
    decodeValue decoder data
        |> Result.toMaybe
```

DOMイベントとデコーダー

ここで、デコーダーの実用例を1つ紹介しましょう。

`elm/html`の`Html.Events`モジュールでは、`onClick`や`onInput`よりも自由度の高いイベントハンドリングを行うための関数をいくつか用意しています。その中で最も基本的なのが次の`on`です。

```
on : String -> Decoder msg -> Attribute msg
```

ここに登場する`Decoder msg`は、DOM APIのイベントオブジェクトをElmのメッセージにデコードするためのものです。たとえば、input要素に入力中の文字列を取り出すためにJavaScriptでは次のようにします。

```
inputElement.addEventListener("input", event => {
  const value = event.target.value;
  // (value を使った処理)
});
```

この`event.target.value`を取り出すためのデコーダーは次のようになります(このデコーダーは`Html.Events.targetValue`という関数が提供されています)。

```
targetValueDecoder : Decoder String
targetValueDecoder =
    at ["target", "value"] string
```

これを使って`Html.Events.onInput`と同じ処理を`on`で再現すると次のように書けます。

```
type Msg =
    Input String

view : Html Msg
view =
    input [ on "input" (Json.Decode.map Input targetValueDecoder) ] []
```

また、`on`の派生として`preventDefault()`や`stopPropagation()`を利用するための関数も用意されています。

```
stopPropagationOn : String -> Decoder ( msg, Bool ) -> Attribute msg
preventDefaultOn : String -> Decoder ( msg, Bool ) -> Attribute msg
custom :
    String
    -> Decoder
            { message : msg
            , stopPropagation : Bool
            , preventDefault : Bool
            }
    -> Attribute msg
```

たとえば、次のようにして利用することができます。

```
type Msg =
    Click

view : Html Msg
```

```
view =
    button
        [ custom "click"
            (Json.Decode.succeed
                { message = Click
                , stopPropagation = True
                , preventDefault = True
                }
            )
        ]
        [ text "Click" ]
```


エンコード

デコードとは逆に、`Json.Encode` モジュールを使うとElmの値をJSONに変換することができます。文字列化するためには、一度、`Json.Encode.Value` 型の値を経由する必要があります。

```
import Json.Encode as Encode

tom : Encode.Value
tom =
    Encode.object
        [ ( "name", Encode.string "Tom" )
        , ( "age", Encode.int 42 )
        ]
```

この時点で、JavaScriptのオブジェクト `{ name: "Tom", age: 42 }` を作ったことになります(これが `Encode.Value` の正体です)。

次に `encode` 関数で `Encode.Value` を文字列化します。第1引数でインデントの深さを指定することもできます。

```
compact = Encode.encode 0 tom
-- {"name":"Tom","age":42}

readable = Encode.encode 4 tom
-- {
--     "name": "Tom",
--     "age": 42
-- }
```

エンコードに関しては、デコーダーと比べると特に難しいところもなく、あまり言うことはありません。主な使いどころとしては、HTTPのPOSTリクエストでJSONを送信するときや、後述する「ポート」を使ってJavaScript側にデータを送るときにも使います。

実践2：検索ボックス

HTTPとJSONデコーダーを組み合わせて検索ボックスを作ってみましょう。

《コマンド》(p.127)と同じようにGitHub API(v3)を使って、ユーザー名を入力するとそのユーザーのプロフィールが表示されるようにします。フォーム入力部分は《実践1：フォーム入力》(p.118)で作ったものを流用すればよいでしょう。

Http.getでJSONを取得する

`Http` モジュールのAPIドキュメントを確認してみます。

URL https://package.elm-lang.org/packages/elm/http/latest/Http

すると、JSONを取得するのに都合のよさそうな `expectJson` という関数があるので、これを利用しましょう(このAPIはelm/http 2.x.x時点のものです)。

```
get :
    { url : String
    , expect : Expect msg
    }
    -> Cmd msg

expectJson : (Result Error a -> msg) -> Decoder a -> Expect msg
```

`Decoder a` を渡すと結果が `Result Error a` で返ってくる、つまり `User` 型の値が欲しければ `Decoder User` を渡せばよさそうです。

ユーザーとデコーダーを作る

GitHub APIのドキュメントを確認してみます。

URL https://developer.github.com/v3/users/

それによると、ユーザーの情報は次のようなJSONで取得できるようです。

```
{
  "login": "octocat",
  "id": 1,
  "node_id": "MDQ6VXNlcjE=",
  "avatar_url": "https://github.com/images/error/octocat_happy.gif",
  "gravatar_id": "",
  "url": "https://api.github.com/users/octocat",
  "html_url": "https://github.com/octocat",
  "followers_url": "https://api.github.com/users/octocat/followers",
  "following_url": "https://api.github.com/users/octocat/following{/other_user}",
```

```
  "gists_url": "https://api.github.com/users/octocat/gists{/gist_id}",
  "starred_url": "https://api.github.com/users/octocat/starred{/owner}{/repo}",
  "subscriptions_url": "https://api.github.com/users/octocat/subscriptions",
  "organizations_url": "https://api.github.com/users/octocat/orgs",
  "repos_url": "https://api.github.com/users/octocat/repos",
  "events_url": "https://api.github.com/users/octocat/events{/privacy}",
  "received_events_url": "https://api.github.com/users/octocat/received_events",
  "type": "User",
  "site_admin": false,
  "name": "monalisa octocat",
  "company": "GitHub",
  "blog": "https://github.com/blog",
  "location": "San Francisco",
  "email": "octocat@github.com",
  "hireable": false,
  "bio": "There once was...",
  "public_repos": 2,
  "public_gists": 1,
  "followers": 20,
  "following": 0,
  "created_at": "2008-01-14T04:33:35Z",
  "updated_at": "2008-01-14T04:33:35Z"
}
```


差し当たり、このアプリケーションに必要そうな最小限のデータに絞りましょう。

```
type alias User =
    { login : String
    , avatarUrl : String
    , name : String
    , htmlUrl : String
    , bio : Maybe String
    }

userDecoder : Decoder User
userDecoder =
    D.map5 User
        (D.field "login" D.string)
        (D.field "avatar_url" D.string)
        (D.field "name" D.string)
        (D.field "html_url" D.string)
        (D.maybe (D.field "bio" D.string))
```

`"bio"` フィールドはプロフィールに設定されていない場合、`null` が返ってくるようなので、ここでは `Json.Decode.maybe` を使って `Maybe String` の形にしています。

コード例

それでは、完成した全コードを見てみましょう。

SAMPLE CODE 3_7_search-box/src/Main.elm

```
module Main exposing (main)

import Browser
import Html exposing (..)
import Html.Attributes exposing (..)
import Html.Events exposing (..)
import Http
import Json.Decode as D exposing (Decoder)

main : Program () Model Msg
main =
    Browser.element
        { init = init
        , view = view
        , update = update
        , subscriptions = \_ -> Sub.none
        }



-- MODEL


type alias Model =
    { input : String
    , userState : UserState
    }


type UserState
    = Init
    | Waiting
    | Loaded User
    | Failed Http.Error


init : () -> ( Model, Cmd Msg )
init _ =
    ( Model "" Init
    , Cmd.none
    )



-- UPDATE


type Msg
    = Input String
```

```
    | Send
    | Receive (Result Http.Error User)


update : Msg -> Model -> ( Model, Cmd Msg )
update msg model =
    case msg of
        Input newInput ->
            ( { model | input = newInput }, Cmd.none )

        Send ->
            ( { model
                | input = ""
                , userState = Waiting
              }
            , Http.get
                { url = "https://api.github.com/users/" ++ model.input
                , expect = Http.expectJson Receive userDecoder
                }
            )

        Receive (Ok user) ->
            ( { model | userState = Loaded user }, Cmd.none )

        Receive (Err e) ->
            ( { model | userState = Failed e }, Cmd.none )



-- VIEW


view : Model -> Html Msg
view model =
    div []
        [ Html.form [ onSubmit Send ]
            [ input
                [ onInput Input
                , autofocus True
                , placeholder "GitHub name"
                , value model.input
                ]
                []
            , button
                [ disabled
                    ((model.userState == Waiting)
                        || String.isEmpty (String.trim model.input)
                    )
                ]
                [ text "Submit" ]
```

```
        ]
    , case model.userState of
        Init ->
            text ""

        Waiting ->
            text "Waiting..."

        Loaded user ->
            a
                [ href user.htmlUrl
                , target "_blank"
                ]
                [ img [ src user.avatarUrl, width 200 ] []
                , div [] [ text user.name ]
                , div []
                    [ case user.bio of
                        Just bio ->
                            text bio

                        Nothing ->
                            text ""
                    ]
                ]

        Failed error ->
            div [] [ text (Debug.toString error) ]
    ]


-- DATA


type alias User =
    { login : String
    , avatarUrl : String
    , name : String
    , htmlUrl : String
    , bio : Maybe String
    }


userDecoder : Decoder User
userDecoder =
    D.map5 User
        (D.field "login" D.string)
        (D.field "avatar_url" D.string)
        (D.field "name" D.string)
        (D.field "html_url" D.string)
        (D.maybe (D.field "bio" D.string))
```

今回はModelの状態管理を少し工夫して、待ち時間に `"Waiting..."` などの表示をできるようにしています。

```
type UserState
    = Init
    | Waiting
    | Loaded User
    | Failed Http.Error
```


確認する

完成したアプリケーションを開いて、適当なユーザー名（ `evancz` など）を入れてみましょう。結果が画面に表示されれば成功です！

GitHub name　Submit

Evan Czaplicki
Designer/developer of @elm-lang. Working at @NoRedInk.

失敗ケースも確認しておきましょう。存在しないユーザー名を入力すると、「BadStatus 404」と表示されるはずです（存在しないユーザーを見つけるには長めの文字列を入力する必要があります）。

エラーメッセージを改良する

余力があれば、`Debug.toString error` の部分を変えて自分好みのエラーメッセージを表示してみましょう。ちなみに、`Http.Error` は次のように定義されています。

```
type Error
    = BadUrl String
    | Timeout
    | NetworkError
    | BadStatus Int
    | BadBody String
```

もう少し詳細な情報を得たい場合は、別のAPIを使うことも検討してみましょう。

`Http.request` 関数を使うと、より詳細な情報を持った `Response body` 型の値を得ることができます。

```
type Response body
    = BadUrl_ String
    | Timeout_
    | NetworkError_
    | BadStatus_ Metadata body
    | GoodStatus_ Metadata body
```

SECTION-024

サブスクリプション

サブスクリプション(Subscription)を使うと、ランタイムシステムに何らかのイベントを監視させ、通知をメッセージとして受け取ることができます。サブスクリプションの例としては定期的な時刻の取得、ウインドウサイズの取得などが挙げられます。

ここでは、サブスクリプションの一番簡単な例として簡単な時計を作ってみます。`elm/time`パッケージが必要になるのでインストールしておきましょう。

URL https://package.elm-lang.org/packages/elm/time/latest/

時計を実装する

時計を作るためには、現在時刻を絶えず取得し続ける必要があります。このように連続的にイベントを受け取る用途では、コマンドよりもサブスクリプションの方が楽に扱うことができます。

毎秒メッセージを受け取るには次のようにします。

```
subscriptions : Model -> Sub Msg
subscriptions model =
    Time.every 1000 Tick
```

ここで、`Time.every`はサブスクリプションを生成する関数です。

```
Time.every : Float -> (Posix -> msg) -> Sub msg
```

第1引数は時刻を取得する間隔(ミリ秒)、第2引数は時刻をメッセージに変換するための関数です。`Cmd msg`と同様に、**`Sub msg`は「`msg`を受け取り続けるサブスクリプション」を表しています**。PosixはUNIXTimeともいわれ、1970年1月1日からの経過時間を表します。

コード例

次の例は、公式ガイドの例からの引用です。

URL https://guide.elm-lang.org/effects/time.html

SAMPLE CODE 3_8_clock/src/Main.elm

```
module Main exposing (main)

import Browser
import Html exposing (..)
import Task
import Time



-- MAIN


main : Program () Model Msg
```

```
main =
    Browser.element
        { init = init
        , view = view
        , update = update
        , subscriptions = subscriptions
        }


-- MODEL

type alias Model =
    -- タイムゾーン
    { zone : Time.Zone
    -- 現在時刻
    , time : Time.Posix
    }

init : () -> ( Model, Cmd Msg )
init _ =
    -- タイムゾーンの初期値を UTC にする
    ( Model Time.utc (Time.millisToPosix 0)
    -- 実行環境のタイムゾーンを取得するコマンド
    , Task.perform AdjustTimeZone Time.here
    )


-- UPDATE

type Msg
    = Tick Time.Posix
    | AdjustTimeZone Time.Zone

update : Msg -> Model -> ( Model, Cmd Msg )
update msg model =
    case msg of
        -- 1秒おきに時刻を含んだメッセージが届く
        Tick newTime ->
            ( { model | time = newTime }
            , Cmd.none
            )

        -- タイムゾーンを取得したとき
        AdjustTimeZone newZone ->
            ( { model | zone = newZone }
            , Cmd.none
            )
```

```
-- SUBSCRIPTIONS

subscriptions : Model -> Sub Msg
subscriptions model =
    -- 1秒おきに Tick メッセージを受け取るようにする
    Time.every 1000 Tick


-- VIEW

view : Model -> Html Msg
view model =
    -- 実行環境のタイムゾーンを考慮しながら「時:分:秒」の形にする
    let
        hour =
            String.fromInt (Time.toHour model.zone model.time)

        minute =
            String.fromInt (Time.toMinute model.zone model.time)

        second =
            String.fromInt (Time.toSecond model.zone model.time)
    in
    h1 [] [ text (hour ++ ":" ++ minute ++ ":" ++ second) ]
```

16:1:35

このサンプルコードは、サブスクリプションの使い方を示すと同時にTimeモジュールの機能を紹介でもあるようです。Posixから実行環境での時刻を得るためには、その場所でのタイムゾーンの情報 `Zone` が必要です。実行時のタイムゾーンは `Time.here` 関数を使って `init` で取得しています。

このコードに登場する関数を下記に一覧しておきます。

```
utc : Zone
here : Task x Zone
toHour : Zone -> Posix -> Int
toMinute : Zone -> Posix -> Int
toSecond : Zone -> Posix -> Int
```

`Task` についてはまだ説明していないので、次節で詳しく解説します。

Sub.batch

1回の `subscriptions` で複数のサブスクリプションを同時に返したい場合は `Sub.batch` を使います。

```
Sub.batch : List (Sub msg) -> Sub msg


subscriptions : Model -> Sub Msg
subscriptions model =
    Sub.batch
        [ Time.every 1000 Tick
        , Browser.Events.onResize WindowResized
        ]
```

その他の関数については API ドキュメントを参照してください。

URL https://package.elm-lang.org/packages/elm/core/latest/Platform-Sub

Task

Taskは、非同期処理を行うための仕組みです。使い方はCmdとよく似ていますが、より複雑な処理を柔軟に行うことができます。

Task x a型

Taskは、Resultの非同期バージョンともいえます。

```
Task x a
```

このタスクは成功すると `a` 、失敗すると `x` という型のデータをそれぞれ返します。

Taskの使い方

最も簡単な例を見てみましょう。 `elm/time` の `Time.now` は現在時刻を取得するタスクです。

```
Time.now : Task x Posix
```

このタスクは必ず成功し、`Posix` を返します。必ず成功するため、型変数 `x` には具体的な値が入りません。Taskは `Task.perform` 関数を使うことでCmdにすることができます。

```
Task.perform : (a -> msg) -> Task Never a -> Cmd msg
```

使い方は次のようになります。

```
update : Msg -> Model -> (Model, Cmd Msg)
update msg model =
    case msg of
        Click ->
            (model, Task.perform NewTime Time.now)

        NewTime time ->
            ...
```

`Task.perform` が使えるのは、失敗しないタスク（`Task Never a`）に限られています。ここで、`Never` は「どの型も当てはまらない」ことを示すための型です（Never型については153ページのコラム参照）。 `Task x Posix` のように、エラーが `x` の場合はこの条件を満たします。

失敗ケースの処理

次に、失敗ケースがある場合を見てみましょう。

`elm/browser` の `Browser.Dom.focus` 関数は、HTML要素にフォーカスを当てるための関数です。

```
Browser.Dom.focus : String -> Task Browser.Dom.Error ()
```

`Browser.Dom.Error` は要素が見つからなかった場合のエラーです。 `()` はユニットと呼ばれる型で、何もないことを示す値です。

今度は失敗ケースがあるため、`Task.perform` は使えません。代わりに `Task.attempt` を使います。

```
attempt : (Result x a -> msg) -> Task x a -> Cmd msg
```

```
update : Msg -> Model -> (Model, Cmd Msg)
update msg model =
    case msg of
        Click ->
            (model, Task.attempt Focused (Dom.focus "name-input"))

        -- フォーカス成功
        Focused (Ok _) ->
            ...

        -- 失敗(要素が見つからない)
        Focused (Err error) ->
            ...
```

2つのタスクを実行する

2つのタスクを実行する1つのタスクを作るためには `Task.map2` を使います。

```
map2 : (a -> b -> result) -> Task x a -> Task x b -> Task x result
```

たとえば、タイムゾーンと現在時刻を同時に取得し、月(Month)を得るには次のようにします。

```
getMonth : Task x Int
getMonth =
  Task.map2 Time.toMonth Time.here Time.now
```

少し飛躍があるかもしれませんが、次と同じ意味です。

```
  Task.map2 (\zone posix -> Time.toMonth zone posix) Time.here Time.now
```

注意点として、`Task.map2` で実行される2つのタスクは並列には実行されません。たとえば、2つのHTTPリクエストを `Task.map2` で組み合わせた場合、最初のリクエストが終了してから次のリクエストが実行されます。並列に実行させたいときは `Cmd` を使うようにしてください。

タスクを連鎖させる

`Task.andThen` 関数を使うと、2つのタスクを連鎖させることができます。

```
Task.andThen : (a -> Task x b) -> Task x a -> Task x b
```

たとえば、「1秒後に現在時刻を取得する」ような処理を考えましょう。

指定した時間だけ待つ処理は `Process.sleep : Float -> Task x ()`、現在時刻を取得する処理は `Time.now : Task x Posix` です。次のようにしてこの2つを連鎖させることが可能です。

```
import Process

timeAfter1s : Task x Posix
timeAfter1s =
    Process.sleep 1000
        |> Task.andThen (\_ -> Time.now)
```

COLUMN

Never型

Neverはまったく値を持たない型です。

- BoolにはTrue、Falseという2つの値があります。
- ()型には()という1つの値があります。
- Never型はまったく値がありません!

`Never` が有効に使える場面は、引数に具体的な型を受け取りたくないときです。先ほど登場した `Task.perform` が好例です。

ちょっと実験してみましょう。

```
a =
    takeEmptyList []

b =
    -- コンパイルエラー
    takeEmptyList [ 1 ]

takeEmptyList : List Never -> ()
takeEmptyList _ =
    ()
```

`[] : List a` はOKですが、`[ 1 ] : List Int` は型が合わないのでコンパイルエラーです。

NeverはBasicsモジュールの中で宣言されています。

```
type Never = JustOneMore Never
```

Neverを作るためにはNeverが必要で・・・確かにこれでは値が作れませんね。

また、Basicsモジュールには `never : Never -> a` という少々トリッキーな関数があります。これは、次のようなコードのコンパイルを通すために使われます。

```
{- コンパイルエラー -}
echoEmptyList : List Never -> List msg
echoEmptyList list =
    list


{- OK -}
echoEmptyList : List Never -> List msg
echoEmptyList list =
    List.map never list
```

自分で使うことは滅多にないと思いますが、もしどこかで出会ったら思い出しましょう。

描画の仕組みと高速化

ElmがHTMLの描画を行う際にはVirtual DOMという差分描画の仕組みが使われます。Elmアーキテクチャが非常にシンプルなのは、このVirtual DOMが高速に描画を行っているおかげでもあります。ここではその仕組みと、さらに速くする方法を解説します。

Virtual DOM

Virtual DOMは一言で言うと、**必要最小限だけDOMを更新することで描画を高速化する仕組み**です。発祥は著名なJavaScriptフレームワークのReactで、後にElmに輸入されました。

DOMを構築するコストはかなり高いことが知られています。一見すると大したことのない処理に見えても、DOMの更新時に起こる整合性のチェック、レンダリングツリーの再構築、レイアウト計算などの一連の処理にとにかくコストがかかるからです。

たとえば、Elmアーキテクチャの最初の例で紹介したカウンターを、もしVirtual DOMを使わずに作るとどうなるでしょう。何も考えずに作るとJavaScriptのテンプレートエンジンなどを使ってビューを生成し、ボタンが押されるたびに `<body>` を丸ごと書き換えることになりそうです。規模の小さいうちはそれでもなんとかなるかもしれませんが、アプリケーションが成長するうちにすぐに無視できないレベルにパフォーマンスが落ちていくでしょう。

Virtual DOMの仕組み

Virtual DOMを使うと、更新に必要な差分を効率よく計算できるようになります。

再びカウンターの例を、今度はElmで見てみましょう。

```
view : Html msg
view model =
  div []
    [ button [ onClick Decrement ] [ text "-" ]
    , div [] [ text (String.fromInt model) ] -- ここだけ再描画すればいい
    , button [ onClick Increment ] [ text "+" ]
    ]
```

実はこの `Html msg` 型の値それ自体は「本物の」DOM要素ではありません。DOM要素と同じ構造になるように作られたダミー、すなわち Virtual DOMです。これを使って、Elmは次のサイクルで画面描画を行います。

1. view関数はすべての画面をVirtual DOMで構築する
2. 初回はすべてのVirtual DOMを本物のDOM要素に変換して画面に反映させる
3. 2回目以降にview関数が呼ばれたときも、やはりすべての画面をVirtual DOMで構築する
4. 新旧のVirtual DOMを比較し、変更差分のみを本物のDOMに反映させる

画面全体をVirtual DOMに再現するのがコストに思えるかもしれませんが、それをDOMに反映させることに比べたら圧倒的にコストが安いというのがポイントです。

ツリーの比較アルゴリズムにも次のような工夫があります。

- 要素のタグ名に変更があればその子孫は丸ごと変更されたと仮定する
- ある要素がツリーの別の階層に移動することはないと仮定する
- 同じ階層で要素の順序が入れ替わる場合は、要素に一意なキーを付与して位置を追跡する

あらゆる種類の変更を想定すると探索コストが膨れ上がってしまいます。そこで、多くのアプリケーションについていえるであろう経験則を用いて探索コストを省略しているのです。

このように、さまざまな工夫によって高速化を実現しているVirtual DOMですが、本当のメリットは速度ではありません。ただ速度が欲しいだけであれば、職人気質の開発者が手作業でチューニングしていった方がきっと速くなるでしょう。

Virtual DOMの本当のメリットは、**あまり深く考えずに書いても速度が落ちない**、その結果、**宣言的で保守性の高いコードが書ける**ことなのです。

Html.Keyed

Virtual DOMの比較アルゴリズムは賢いものですが、リストの子要素が挿入された、削除された、順序が入れ替わったなどを検出するのは困難です。

たとえば、次のようにリストの中身が変化したとしましょう。

これを「1が2に、2が1に書き換わった」と見るか「1と2が入れ替わった」と見るかは微妙なところです。しかし、もし後者であるという判断が可能であれば、それらの要素を再利用することができます。そこで、リストの各要素に一意なIDを与えて要素の位置を追跡させることができます。

Html.Keyedモジュールは、まさにこの目的のためのモジュールです。

```
import Html.Keyed as Keyed


view : Html msg
view =
  Keyed.ul []
    [ ("1", li [] [ text "1" ])
```

```
    , ("2", li [] [ text "2" ])
    , ("3", li [] [ text "3" ])
    ]
```

`Keyed.ul` は、第2引数にString型のキーと子要素をペアにしたリストを受け取ります。キーはその要素を識別できる文字列なら何でも構いません。典型的にはオブジェクトのID（`user` なら `user.id` など）が使われます。

Html.Keyedを使ってCSSアニメーションの誤動作を回避する

CSSで `transition` や `animation` を使っていると、Virtual DOMが想定外の動きをすることがあります。たとえば、リストの要素を「先頭に」追加しながら、それらを描画する状況を考えてみましょう。

```
view : Model
view model =
    div []
        [ button [ onClick Add ] [ text "Add" ]
        , ul [] (List.map viewItem model.items)
        ]


viewItem : Item -> Html msg
viewItem item =
    li [ class "item" ] [ text item.id ]
```

さらに、新しい要素はCSSアニメーションを使って上からスライドしながら登場させることにします。

```
/* height が 1 秒かけて 0px -> 50px に変化する */
.item {
  animation: resize 1s ease;
  animation-fill-mode: both;
  overflow: hidden;
  border: solid 1px #aaa;
  width: 100px;
  margin-bottom: 3px;
  line-height: 50px;
  text-align: center;
}
@keyframes resize {
  0% {
    height: 0px;
  }
  100% {
    height: 50px;
  }
}
```

さて、何が起こるでしょうか? 実は、新しい要素ではなく常に1番下の要素がアニメーションします。言い換えると、Virtual DOMの差分をとるときに1番下の要素が追加されたと判定されているのです。

```
2 => 3
1 => 2
0 => 1
  => 0 (この要素が増えたと判定される)
```

この問題はHtml.Keyedを使うことによって解決できます。追加されたのは1番上の要素でそれ以外は移動したのだということを、一意なキーを使って教えてあげるのです。

```
view : Model
view model =
    div []
        [ button [ onClick Add ] [ text "Add" ]
        , ul [] (List.map viewItem model.items)
        ]

viewItem : Item -> (String, Html msg)
viewItem item =
    ( item.id
    , li [ class "item" ] [ text item.id ]
    )
```

今度はちゃんと一番上の新しい要素がアニメーションするはずです!

Html.Lazy

Virtual DOM自体の生成コストは基本的には気にしなくても問題になりません。とはいえ、巨大なVirtual DOMを大量に作り続ければ、やはりパフォーマンスに影響が出てきます。

そこで、Html.Lazyモジュールを使ってVirtual DOM自体の生成をも最小限に抑えることができます。

次の例は、先ほどのカウンターを少し改造したものです。今度はカウンターが2つあり、それぞれに + ボタンがついています。

```
view : Html msg
view model =
  div []
    [ viewCount model.first
    , button [ onClick IncrementFirst ] [ text "+" ]
    , viewCount model.second
    , button [ onClick IncrementSecond ] [ text "+" ]
    ]

viewCount : Int -> Html msg
```

```
viewCount count =
  div [] [ text (String.fromInt count) ]
```

さて、ここで上のボタンを連打してみます。上の数字だけがカウントアップしていき、下の数字はまったく変わりません。しかし、このときでも下の `viewCount` 関数は何度も同じVirtual DOMを作り続けています。なんと無駄なことをするのでしょう。

下のカウンターが `viewCount` に渡している引数 `model.second` は毎回、同じ値なのだから、前回、作ったVirtual DOMを再利用できてもよさそうなものです。

では、引数が同じならば返す結果が毎回、同じといえるでしょうか? Elmの場合、それはイエスです。なぜならElmの関数はすべて純粋、つまり「同じ引数に対して必ず同じ結果を返す」という性質を持っているからです。

そこで、引数が前回から変わったとわかるまで `viewCount` 関数の評価を遅延してもらうことにしましょう。それをしてくれるのが `Html.Lazy.lazy` 関数です。

```
import Html.Lazy exposing (lazy)

view : Html msg
view model =
  div []
    [ viewCount model.first
    , button [ onClick IncrementFirst ] [ text "+" ]
    , lazy viewCount model.second -- lazy をつける
    , button [ onClick IncrementSecond ] [ text "+" ]
    ]
```

`lazy` をつけただけです。簡単ですね! これで `viewCount` 関数の評価はVirtual DOMの差分検出時まで遅延されます。

lazy関数は引数の長さに応じて次の8つが用意されています。

```
lazy : (a -> Html msg) -> a -> Html msg

lazy2 : (a -> b -> Html msg) -> a -> b -> Html msg

lazy3 : (a -> b -> c -> Html msg) -> a -> b -> c -> Html msg

...

lazy8 : (a -> b -> c -> d -> e -> f -> g -> h -> Html msg)
  -> a -> b -> c -> d -> e -> f -> g -> h -> Html msg
```

Html.Lazyと参照

`Html.Lazy` を使う上で1点だけ注意すべき点があります。それは「引数が前回と同じかどうか」を「参照が一致するか否か」で判定しているということです。言い換えると、前回に渡した引数と参照が異なる場合、別のものと見なされてしまうということです。これを勘違いすると「最適化したつもりが実はされていなかった」という悲しいことが起こります。

次の例を見てください。

```
view : { id : Int, name : String }
view person =
  lazy viewSomething (person.id, person.name)
```

`viewSomething` の引数には、常に同じ内容の値が渡されています。しかし、このタプルは毎回、新しいものを生成しているため、参照としては異なったものになります。この例の場合、次のように工夫すると問題が解消します。

```
view : { id : Int, name : String }
view person =
  lazy2 viewSomething person.id person.name
```

`lazy` の内部実装としてはJavaScriptの `===` が判定に使われています。

いくつかJavaScriptの例を見てみましょう。

```
1 === 1 // true
"foo" === "foo" // true
{} === {} // false
[] === [] // false
```

数値や文字列は一致していますが、オブジェクトなどはメモリ上の別の場所を参照しているため、一致しないようです。

Elmではどうでしょうか？　まず、`Int`（`Float`）、`String`、`Bool` はJavaScriptの `number`、`string`、`boolean` に直訳されます。つまり、上で `true` になっている判定はそのまま `true` です。

ここでうれしいお知らせがあります。`[]` や `Nothing` は常に参照が1つしかありません。つまり、Elmにおいては `[]` 同士は常に参照が一致します。もう少し一般的にいうと、カスタム型のコンストラクタはすべて1つしか作られません（`type Day = Mon | Tue | ...` など）。

さて、話を戻すともう1つ注意する点があります。それは、関数が匿名関数の場合も `lazy` が使えません。関数が動的に生成されるため、引数以外の値の影響を受けて関数の定義が変わってしまうためです。

CHAPTER 04

Webアプリ開発の実践

Elmアーキテクチャをマスターしたので、もう一通りのアプリケーションが作れるはずですが、ここでさらにもう一歩ステップアップしましょう。

現実のプロジェクトでは、Elmだけで完結することはまれで、何かと従来のWeb技術と連携が必要になるでしょう。たとえば、ブラウザのAPIにJavaScriptでアクセスしたり、CSSフレームワークを使うこともあるでしょう。また、複数人でスムーズで開発するための環境構築したり、テストをCIで実行したりと、さまざまなノウハウが必要になります。

ここでは、そんな現実のプロジェクトを強く生き抜くために必要な知識を一通り紹介します。

SECTION-027

プロジェクトの管理

他のプログラミング言語と同じように、Elmもソースファイルをプロジェクトという単位で管理します。

elm.json

`elm.json` はElmプロジェクトを管理するための特別なファイルです。`elm init` コマンドで初期化すると自動で生成されます。

SAMPLE CODE elm.json

```
{
  "type": "application",
  "source-directories": ["src"],
  "elm-version": "0.19.0",
  "dependencies": {
    "direct": {
      "elm/browser": "1.0.1",
      "elm/core": "1.0.0",
      "elm/html": "1.0.0"
    },
    "indirect": {
      "elm/json": "1.0.0",
      "elm/time": "1.0.0",
      "elm/url": "1.0.0",
      "elm/virtual-dom": "1.0.2"
    }
  },
  "test-dependencies": {
    "direct": {},
    "indirect": {}
  }
}
```

`type` は `application` と `package` の2種類があります。第三者に公開するライブラリを作る場合は `package` 、それ以外は `application` です。

`source-directories` はコンパイルの対象になるソースのパスを複数含めることができます。

`dependencies` は使用しているパッケージとバージョンです。アプリケーションから直接使うパッケージは `direct` 、それらのパッケージから間接的に使用されているパッケージは `indirect` に書かれています。

`test-dependencies` はテスト時のみ使用されるパッケージです。

パッケージのバージョンはセマンティックバージョニングに従います。Elmはセマンティックバージョニングに関してユニークな特徴を持っていますので、後で詳しく説明します!

elm-stuff

`elm-stuff` はコンパイル時の中間生成物を管理するために、自動的に作られるディレクトリです。Elmファイルをコンパイルすると、`elm-stuff` 内にいくつかのバイナリファイルが生成されます。頻度は少ないですが、万一、コンパイルに失敗してファイルが壊れてしまったら `elm-stuff` を削除してやり直すと問題が解決する場合があります。

elm make

`elm make` コマンドの使い方とすべてのオプションは `elm make --help` で確認することができます。

主なオプションは下表の通りです。

オプション	内容
--debug	タイムトラベルデバッガーと呼ばれるデバッガーを有効にする(116ページの「デバッガーで挙動を確認する」を参照)
--optimize	コンパイルの最適化を有効にする。生成されるJavaScriptを最小化したり、余分なメモリを確保しないようにしたりする
--output=	出力するファイルを指定する。「*.html」と「*.js」が指定可能。また、「/dev/null」にすると何も出力しない
--report=	エラーメッセージの出力形式を「--report=json」のように指定する。これはエディタプラグインの開発者にとって便利なオプション
--docs=	パッケージの開発時に、ドキュメントをJSON形式で出力する

ライブラリの管理

`elm.json` には使用するライブラリとそのバージョンがすべて記録されています。たとえば、`elm install elm/http` とすれば、自動的に次のように使用しているバージョンが追記されます。

```
"elm/http": "2.0.0"
```

これは複数人で開発するときに、すべてのメンバーに同じ設定を共有するために便利です。最初にライブラリを導入する人が `elm install` しておけば、その他の人は何もしなくても `elm make` コマンドを打つだけで自動的にライブラリをインストールしてビルドすることができます。

パッケージのバージョンは**セマンティックバージョニング(Semantic Versioning)**によって厳密に管理されます。セマンティックバージョニング(http://semver.org/)は `MAJOR.MINOR.PATCH` というルールに従ってバージョン番号を振る方法です。たとえば、`1.2.3` の場合、MAJORバージョンは1、MINORバージョンは2、PATCHバージョンは3になります。

それぞれの番号は次のような規則で機械的に上げていきます。

- 破壊的なAPIの変更を行った場合、MAJORバージョンを上げる
- 新しいAPIを追加した場合、MINORバージョンを上げる
- APIに変更のない修正を行った場合、PATCHバージョンを上げる

MAJORバージョンが同じであれば、バグ修正やAPIの追加があったとしてもプログラムの互換性は保たれます。言い換えると、MINOR以下のバージョンは何も考えずに上げて問題ありません。また、バグやセキュリティ脆弱性が修正されている可能性を考えると積極的に最新を保つべきです。しかし、逆に、あるバージョンからバグが発生しているとわかっている場合には、それ以前のバージョンに固定しておかなければなりません。

なお、セマンティックバージョニングについては下記のURLを参照してください。

URL https://semver.org/lang/ja/

Ⅲ セマンティックバージョニングの強制

特筆すべき点は、Elmのパッケージシステムにおいては**セマンティックバージョニングが強制される**ということです。これはElmの持つ極めてユニークな特長の1つです!

多くのパッケージシステムでは、バージョン番号の管理は個々の開発者の手に委ねられています。そのため、同じメジャー番号で互換性のない変更を行ってしまい、それに依存するプログラムが壊れてしまうという事故がしばしば起こります。Elmでは、そのような事故が決して起こらないようにツールがすべてチェックしているのです。

Elmは互換性のチェックに型を使います。つまり、上記のルールを次のように言い換えることができます。

- 関数の型を変更した場合、MAJORバージョンを上げる
- 新しい関数を追加した場合、MINORバージョンを上げる
- 関数の型を変更しない修正を行った場合、PATCHバージョンを上げる

Elmは公開されている関数の型から、バージョン変更がMAJOR、MINOR、PATCHのどれなのかを機械的に判断しているのです。もし、自作のライブラリを公開することになったら、どのような仕組みでこれが動いているかを確認することができるでしょう。詳しくは、**《ライブラリの公開》**(p.255)で解説します。

Ⅲ ライブラリの依存解決

`elm.json` の `dependencies` に書かれているバージョンは `type` が `application` のときと `package` のときで表記が異なります。 `package` の場合は、次のように、バージョンを範囲で指定します。

```
"elm/core": "1.0.0 <= v < 2.0.0"
```

たとえば `my/lib` が `"elm/core": "1.0.0 <= v < 1.7.0"` に依存し、そして別のパッケージ `their/lib` が `"elm/core": "1.4.0 <= v < 2.0.0"` に依存していたとしましょう。このとき、`my/lib` と `their/lib` の両方をアプリケーションで使おうとすると、それらは `"elm/core": "1.4.0 <= v < 1.7.0"` のうち最新のバージョン(たとえば `1.6.1`)を共有して使うことができます。このようなことを想定するためパッケージの場合はバージョンに幅を持たせられるようになっています。

ちなみに、npmでいえば、`"type": "package"` は `package.json` 相当、`"type": "application"` は `package-lock.json` 相当のバージョン管理機能を持っているといえるでしょう。

COLUMN パッケージの更新

パッケージシステムは0.19で大きく刷新されましたが、次のような一部の機能が間に合っていないようです。

- 使っているパッケージの最新バージョンを取得する
- パッケージを(依存解決して)最新バージョンにアップデートする

執筆時点では、手動で `elm.json` からパッケージを削除してインストールし直すしかないようです。まさに活発に議論されている最中ですから、情報をチェックしながら待ちましょう。

なお、前者については、「elm-outdated」というnpmのツールがあるようです。

URL https://www.npmjs.com/package/elm-outdated

「.elm」ディレクトリ

パッケージをインストールすると、その実体は `~/.elm` にキャッシュされます。 `~` はホームディレクトリで、たとえば、macOSでは `my_name` でログイン中であれば `Users/my_name/.elm` がその場所になります。

このディレクトリは、環境変数 `ELM_HOME` がセットすることで任意に変更することができます。

Node.jsプロジェクトとしてElmを管理する

本書ではElmの開発にフォーカスするために、ここまでNode.jsやnpmにはあまり触れてきませんでした。しかし、現在フロントエンドの開発ツールはnpmで管理するのが一般的になっていますから、Elmもnpmに管理させるのは良い考えです。ディレクトリをNode.jsプロジェクトとして初期化し、Elmをインストールするには次のようにします。

```
$ npm init
$ npm install --save-dev elm
```

`--save-dev` フラグは、開発中のみ必要なライブラリを保存するときに使います。また、上記のコマンドを実行するといくつかファイルやディレクトリが現れます。

ファイル・ディレクトリ	説明
package.json	このプロジェクトの設定(依存するパッケージなど)を管理する
package-lock.json	依存するパッケージのバージョンを厳密に固定する(ロックファイルと呼ばれる)
node_modules	依存するパッケージがここにインストールされる

また、`package.json`によく使うコマンドを列挙しておくとショートカットとして使うことができます。

```
"scripts": {
  "build": "elm make src/Main.elm --output=elm.js",
}
```

`npm run`コマンドでスクリプトを実行することができます。

```
$ npm run build
```

ここで使われる`elm`コマンドは`node_modules/.bin`にある実行ファイルが使われます。また、`npx`コマンド(npm 5.2.0以降に付属)を使うと`node_modules/.bin`内の実行ファイルを直接、実行することができます。

```
$ npx elm install elm/http
```


Gitでプロジェクトを管理する

バージョン管理システムとしてはGitが今、最も市民権を得ているといえるでしょう。Elmはパッケージマネージャーの一部の機能をGitに依存しているため、コードの管理もGitで行うのが一番スムーズです。

ElmをGitで管理する使う場合、管理対象から除外するための`.gitignore`はおよそ次のようになるでしょう。

SAMPLE CODE .gitignore

```
# 中間生成物
elm-stuff/
repl-temp-*

# アウトプット
index.html
elm.js
elm.min.js

# Node.js 関連ファイル
node_modules/
npm-debug.log*
```

ElmからJavaScriptを生成する

今までは、ElmファイルからHTMLファイルを生成する方法を解説してきました。しかし、`index.html`を直接、生成する方法では、CSSなど外部のファイルを読み込む術がありません。

そこで代わりの方法として`elm make`の`--output`オプションでJavaScriptファイルを生成して、それをHTMLに読み込ませる方法があります。

```
$ elm make src/Main.elm --output=script.js
```

これで、HTMLは好きなようにカスタマイズできます。CSSやフォントを読み込むのも自由です。早速、やってみましょう。

Elmプログラムを起動する

まず、適当なElmプログラムを作り、`.js`ファイルを生成します。

```
$ elm make src/Main.elm --output=elm.js
```

次に、それをHTMLから読み込みます。

```
<!DOCTYPE html>
<html>
  <head>
    <title>Main</title>
    <!-- (任意で CSS を用意) -->
    <link href="style.css" rel="stylesheet" />
    <!-- プログラムを読み込む -->
    <script src="elm.js"></script>
  </head>
  <body>
    <script type="text/javascript">
      Elm.Main.init(); // Main モジュールを起動する
    </script>
  </body>
</html>
```

以上です! ほんの少しの手間でCSSや他のJavaScriptを使う用意ができました。CSSを読み込む方法はここでは解説しませんが、自前で用意するだけでなくフレームワークを使うことも自由です。すぐに見た目をきれいにすることができるでしょう。

COLUMN DOM操作に注意

これはElmに限った話ではなくVirtual DOM全般にいえる特徴ですが、Virtual DOMによって生成されているDOMを外部のJavaScriptを使って操作するのは危険です。差分を適用するときに不整合が発生してランタイムエラーの原因になります。

CSSフレームワークはBootstrapが有名ですが、JavaScriptを一緒に読み込むのはやはり危険です。筆者はBulmaなど、なるべくCSSで完結するものを選ぶようにしています。

URL https://bulma.io/

HTMLの一部にElmプログラムを埋め込む

画面の一部にプログラムを埋め込むこともできます。たとえば、ヘッダーとフッターはサーバーサイドで生成しておいて、コンテンツだけをElmで、といった分担ができるようになります。

```
<body>
  <div id="elm-app"></div>
  <script type="text/javascript">
    Elm.Main.init({
      node: document.getElementById("elm-app")
    });
  </script>
</body>
```

注意点としては、一部のプログラムではこの方法が有効でないことです。

`Browser.sandbox` や `Browser.element` ではDOM要素への埋め込みが可能ですが、`Browser.document` や `Browser.application` では埋め込みが禁止されています。詳細は《Task》(p.150)を参照してください。

COLUMN 複数のElmアプリケーションを動作させる

`elm make` に複数のアプリケーションを作成させることもできます。出力は1つのJavaScriptファイルにまとめられます。

```
$ elm make Main.elm Another.elm --output=script.js
```

```
<body>
  <div id="elm-app"></div>
  <div id="another-elm-app"></div>
  <script type="text/javascript">
    Elm.Main.embed(document.getElementById("elm-app"));
    Elm.Another.embed(document.getElementById("another-elm-app"));
  </script>
</body>
```

ビューを持たないプログラム

あまり知られていませんが、Elmはビューを持たないプログラムを作ることもできます。 `elm/core` の `Platform` にある `worker` 関数を利用します。

```
worker :
    { init : flags -> ( model, Cmd msg )
    , update : msg -> model -> ( model, Cmd msg )
    , subscriptions : model -> Sub msg
    }
    -> Program flags model msg
```

ちょうど、`Browser.element` から `view` だけを取り去った形になっています。次の例は、起動時からの秒数をカウントするプログラムです。

SAMPLE CODE 4_2_headless-counter/src/Main.elm

```
port module Main exposing (..)

import Time

-- Elm から JavaScript 側に数値を送信するための関数
port tick : Int -> Cmd msg

main =
  Platform.worker
    { init = (1, [])
    , update = \_ model -> (model + 1, tick model)
    , subscriptions = \_ -> Time.every 1000 (\_ -> ())
    }
```

このプログラムを動かすには次のようにします（ブラウザとNode.jsともに可能です）。

```
const { Elm } = require("./elm.js");
// Elm プログラムの初期化
const app = Elm.Main.init();
// Elm プログラムからカウント中の数値を受け取る
app.ports.tick.subscribe(count => {
  console.log(count); // 1, 2, 3, ...
});
```

ここではportという文法を使って、Elmプログラム内で数えた数値をJavaScript側に送信しています（portについては次章で解説します）。

COLUMN **Platform.workerの使いどころ**

Node.jsでElmを動かせることはわかりました。では、一般的なサーバーサイドのプログラムをElmで書くことも可能でしょうか？　正直「不可能ではないが非現実的」と言わざるを得ません。趣味でちょっと試す分には面白いかもしれませんが、ライブラリもありませんし、パフォーマンスもわかりませんから仕事で使うのは厳しいはずです。作者のEvan Czaplicki氏もその方向性は（少なくとも今は）目指していないと明言しています。

`Platform.worker` が特に有効活用される場面は、テストやベンチマークなどのツールでElmプログラムの一部を動かす必要があるときです。

`elm-test` コマンドでは内部で `Platform.worker` を実際に使用しています。興味があれば実装を調べてみてください。

フラグとポート

JavaScriptとElmの間で相互にデータを受け渡しする機能があります。ここでは大きく2つの方法、**フラグ**と**ポート**を紹介します。

フラグ(Flags)

Elmプログラムに初期化のためのデータ(フラグ)を渡すことができます。たとえば、プログラムの起動した時刻を初期化時に渡すには、次のようにします。

```
<script>
  Elm.Main.init({
    flags: Date.now() // 1542437359435
  });
</script>
```

`Browser.element` 関数をもう一度、見てみましょう。

```
Browser.element          ┌─ これがフラグ
    : { init : flags -> (model, Cmd msg)
      , update : msg -> model -> (model, Cmd msg)
      , subscriptions : model -> Sub msg
      , view : model -> Html msg
      }
    -> Program flags model msg
```

`init` が `flags` という引数を受け取ることがわかります。この `flags` は任意の型を当てはめることができます。上記の例では整数を受け取っているので `Int` にします。

```
main : Program Int Model Msg
main =
  Browser.element { init = init, ... }


init : Int -> (Model, Cmd Msg)
init flags =
  ...
```

許容されるデータの型と境界チェック

使用できるフラグの型は限られています。下表は、フラグに許容されるElmの型と、JavaScriptの対応関係です。

Elmの型	JavaScriptの対応
Bool	JavaScriptのbooleanに対応
String	JavaScriptのstringに対応
Int	JavaScriptのnumberに対応
Float	JavaScriptのnumberに対応
List	JavaScriptの配列に対応し、Listの構造に変換される
Array	JavaScriptの配列に対応し、Arrayの構造に変換される
Tuple	JavaScriptの長さが2、3の配列に対応
Record	JavaScriptのオブジェクトに対応
Maybe	NothingとJust 42がそれぞれJavaScriptのnullと42に対応
Json.Encode.Value	JavaScriptの任意のオブジェクトに対応

ListやTupleに要素の型もまたこの条件を満たしている必要があります。

もし、Elm側で宣言された型と合わない値をフラグとして渡した場合は、その場でランタイムエラーが発生します。言い換えれば、JavaScriptから渡された値であってもElmの型と不一致になっている心配はいりません。

ポート(Port)

ポートを使うと実行中にJavaScriptとデータをやり取りすることができます。ポートは、たとえるならばElmプログラムの表面にあいた「穴」だと考えてください。この穴を通じて、ElmからJavaScriptへ、逆にJavaScriptからElmへと値を受け渡すことができます。

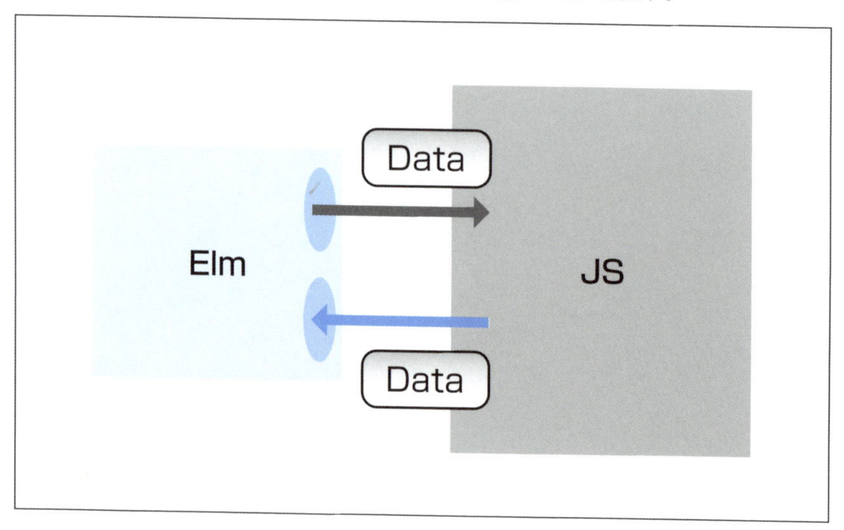

ポートは次のようなときに便利です。

- JavaScriptの便利なライブラリを使いたい
- ブラウザの機能を使いたいがElmがまだサポートしていない

すべてElmで完結できるに越したことはないのですが、できないことがあればJavaScriptにやらせましょう。感覚としては、高度な画像処理をさせるためにクラウドサービスを利用するのと同じです。

Elmから JavaScriptにデータを送信する

Elmの世界からJavaScriptの世界にデータを送信するにはコマンド(Cmd)を使います。例として、LocalStorageにデータを保存することを考えます。LocalStorageやSessionStorageは将来的にサポートされることが見込まれているものの、現時点では未サポートです。そこでポートを使います。

```
var app = Elm.Main.init();
// Elm 側からデータを受け取る
app.ports.saveData.subscribe(function(data) {
  localStorage.addItem("data", JSON.stringify(data));
});
```

Elm側は次のようになります。

```
port module Main exposing (..)

import Json.Encode

-- JavaScript 側にデータを送る
port saveData : Json.Encode.Value -> Cmd msg
```

ここで `port module` というキーワードは、このモジュールでportを有効にするために必要です。

次に、`saveData` 関数を宣言しています。実装を書く必要はありません。Elmが自動で関数を実装してくれます。ElmからJavaScriptにデータを送信するポートの書き方は、一般的に次のようなルールになります。

```
port 関数名 : 送信するデータの型 -> Cmd msg
```

関数名は何でも構いませんがプログラム全体で一意である必要があります。送信可能なデータの型はフラグ(172ページの「許容されるデータの型と境界チェック」)と同じです。

使い方は他のコマンドと同じ要領で `update` 関数から使うことができます。

```
update : Msg -> Model -> (Model, Cmd Msg)
update msg model =
    case msg of
        Save ->
            (model, saveData (Json.Encode.int 10))
```

JavaScriptから送信されたデータをElmで受信する

JavaScriptの世界から送信したデータをElmの世界で受信するにはサブスクリプション(Sub)を使います。例として、URLのハッシュ(#)が変わったときにElmでその通知を受けることを考えます。

```
var app = Elm.Main.init();
window.addEventListener("hashchange", function() {
  // Elm 側に #hash 文字列を送る
  app.ports.receiveHash.send(location.hash);
});
```

Elm側は次のようになります。

```
port module Main exposing (..)

-- JavaScript 側から #hash 文字列を受け取る
port receiveHash : (String -> msg) -> Sub msg
```

こちらも関数の型を宣言するだけで実装を書く必要はありません。受信側のポートの書き方は一般的には次のようになります。

```
port 関数名 : (受信するデータの型 -> msg) -> Sub msg
```

受信するデータの型も、フラグなどと同様です。

```
type Msg = ReceivedHash String

subscriptions : Model -> Sub Msg
subscriptions model =
  receiveHash ReceivedHash
```

エラーハンドリングをElm側で行う

フラグやポートがプログラムの境界でデータのチェックを行うため、JavaScriptの世界から不正なデータが来ることはありません。しかし、エラーハンドリングをElmの内部で行うこともぜひ検討しましょう。

たとえば、HTTPなど、他のエラー処理がすでにElm側で共通化されていたとします。ポートのエラーだけを例外的にJavaScriptで行うのはあまりうれしくありません。

そこで、境界ではあえてチェックを行わずにすべてのデータをいったん受け入れてみましょう。

```
-- Json.Encode.Value は「任意」の値のため、プログラムの境界では何もチェックされない
port receiveData : (Json.Encode.Value -> msg) -> Sub msg

type Msg = ReceivedData (Result Json.Decode.Error Data)
```

```
subscriptions : Model -> Sub Msg
subscriptions model =
  -- Json.Decode.decode で正しい型の値にデコードできるかをチェックする
  receiveData (Json.Decode.decode dataDecoder)
    |> Sub.map ReceivedData
```

これで、ランタイムエラーの代わりにElmプログラムの中で「不正なデータです」のようなエラーメッセージを出すことができるようになりました。

パッケージの公開禁止

最後に、ポートを含むパッケージをライブラリとして公開することはできません。

ポートはJavaScriptとセットでないと動きません。もし、「このライブラリを使うためには、`elm install elm-moment` した後、JavaScript側でも `moment.js` のバージョンXをインストールして、起動時に `app.ports...` というコードを必ず用意してください」と言われたらどうでしょう。

せっかくパッケージを利用しているのに旨味がありませんね。ですから、最初から公開が禁止されているのです。

ポートの例：confirm()を呼び出す

コード全体が見える例を1つ用意しましょう。ここでは、何らかの事情でJavaScriptの `confirm()` を呼び出す必要が生じたという想定で、これをポートを使って実装します。

まず、`confirm()` 関数の引数はElmの型でいうと `String` 型、戻り値は `Bool` 型です。これらの値をCmdとSubを使ってやり取りします。

SAMPLE CODE 4_3_confirm/index.html

```
var app = Elm.Main.init();
// Elm 側からメッセージを受け取る
app.ports.confirm.subscribe(function(message) {
  var answer = confirm(message);
  // Elm 側に返事を返す
  app.ports.receiveAnswer.send(answer);
});
```

SAMPLE CODE 4_3_confirm/src/Main.elm

```
port module Main exposing (main)


import Browser
import Html exposing (..)
import Html.Attributes exposing (..)
import Html.Events exposing (..)



main : Program () Model Msg
main =
    Browser.element
```

```
        { init = init
        , view = view
        , update = update
        , subscriptions = subscriptions
        }


-- MODEL


type alias Model =
    { answer : Maybe Bool
    }


init : () -> ( Model, Cmd Msg )
init _ =
    ( Model Nothing, Cmd.none )



-- UPDATE


type Msg
    = Confirm
    | ReceiveAnswer Bool


-- JavaScript 側にメッセージ(String)を渡すコマンド
port confirm : String -> Cmd msg


update : Msg -> Model -> ( Model, Cmd Msg )
update msg model =
    case msg of
        Confirm ->
            ( model, confirm "本当に商品を購入してよろしいですか？" )

        ReceiveAnswer answer ->
            ( Model (Just answer), Cmd.none )



-- SUBSCRIPTIONS
```

```
-- JavaScript 側から返答(Bool)を受け取るサブスクリプション
port receiveAnswer : (Bool -> msg) -> Sub msg


subscriptions : Model -> Sub Msg
subscriptions model =
    receiveAnswer ReceiveAnswer



-- VIEW


view : Model -> Html Msg
view model =
    div []
        [ case model.answer of
            Nothing ->
                button [ onClick Confirm ] [ text "商品を購入する" ]

            Just True ->
                text "商品を購入しました"

            Just False ->
                text "キャンセルしました"
        ]
```

ここではMainモジュールを`port module`にしていますが、`port module`は必ずしもMainである必要はありません。ポートに関する機能を別のモジュールに切り出して管理することもできます。

```
port module Ports exposing (confirm, receiveAnswer)

port confirm : String -> Cmd msg

port receiveAnswer : (Bool -> msg) -> Sub msg
```

COLUMN ポートに関するよくある質問

ポートに関してよく挙がるのは、CmdとSubを書く代わりに次のような関数を作れないかという質問です。

```
-- 候補1（String を渡して Bool をすぐに受け取る）
confirm : String -> Bool
-- 候補2（String を渡して Bool を受け取るための Cmd を作る）
confirm : String -> Cmd Bool
-- 候補3（String を渡して Bool を受け取るための Task を作る）
confirm : String -> Task x Bool
```

結論から言うと、どれもできません。これらをJavaScriptで実装するには、「必ず成功して値を返却する関数」を書かなければいけません。しかし、ユーザーが任意に実装する関数でその性質を保証することはできないからです。

ちょっと面倒に思えるかもしれませんが、素直にCmdとSubの組み合わせで実装しましょう。

ナビゲーション

ここでは、いわゆる**SPA(シングルページアプリケーション)**をElmで実現する方法を紹介します。

伝統的なWebアプリケーションではページごとにサーバーからHTMLを取得するのが普通です。しかし、これは画面遷移するたびに `.js` や `.css` など、さまざまなリソースを読み直して白紙からページを再構築するため、とても非効率です。

そこで、SPAと呼ばれるアプリケーションでは、ブラウザのページ遷移機能を使わずにページの一部を再描画するという方法がとられます。データはHTMLではなく必要最小限のデータをJSONで取得するのが一般的です。

しかし、ブラウザのページ遷移機能をすべて無効化してしまうと、URLがまったく切り替わらないアプリケーションや「進む」「戻る」ボタンがまったく機能しないアプリケーションを作ってしまいがちです。これでは従来のWebの利点が損なわれてしまいます。

そこでHTML5のHistory APIを使うと違和感のないページ遷移を実現することができます。

ここでは、ElmでSPAのナビゲーションを実現する方法について解説します(この方法は「ルーティング」とも呼ばれます)。

Browser.application

`Browser.application` を使うと、SPAに必要な機能を組み込んだプログラムを楽に作ることができます。

```
application :
    { init : flags -> Url -> Key -> ( model, Cmd msg )
    , view : model -> Document msg
    , update : msg -> model -> ( model, Cmd msg )
    , subscriptions : model -> Sub msg
    , onUrlRequest : UrlRequest -> msg
    , onUrlChange : Url -> msg
    }
    -> Program flags model msg
```

何やら仰々しい見た目をしていますが、怖くないので逃げないでくださいね。ここで、新しく登場した2つの関数を見てみましょう。

▶onUrlRequest : UrlRequest -> msg

`onUrlRequest` はページ遷移する前に必ず呼ばれる関数です。このタイミングで任意の処理(たとえば、スクロール位置の保存やデータの永続化など)を挟むことができます。準備ができたら今度は `Browser.Navigation` モジュールの機能を使って画面遷移を行います。画面をリフレッシュせずにURLを更新する場合は `pushUrl` 、通常の画面遷移を行う場合は `load` を呼びます(必ず呼んでください。忘れると何も起きません!)。

▶onUrlChange : Url -> msg

`onUrlChange` はURLが変わった直後に呼ばれる関数です。ここですべきことはページのURLに応じてコンテンツをサーバーに問い合わせることです。具体的にはHTTPのGETメソッドでJSONを取得することになるでしょう。

ナビゲーションのコード例

次の例は公式ガイドからの引用です。リンクをクリックするところからはじめて、ぐるっと一周の処理を追ってみましょう。

SAMPLE CODE 4_4_navigation/src/Main.elm

```
module Main exposing (main)

import Browser
import Browser.Navigation as Nav
import Html exposing (..)
import Html.Attributes exposing (..)
import Url



-- MAIN


main : Program () Model Msg
main =
    Browser.application
        { init = init
        , view = view
        , update = update
        , subscriptions = subscriptions
        , onUrlChange = UrlChanged
        , onUrlRequest = LinkClicked
        }



-- MODEL


type alias Model =
    { key : Nav.Key
    , url : Url.Url
    }


init : () -> Url.Url -> Nav.Key -> ( Model, Cmd Msg )
```

```
init flags url key =
    ( Model key url, Cmd.none )



-- UPDATE


type Msg
    = LinkClicked Browser.UrlRequest
    | UrlChanged Url.Url


update : Msg -> Model -> ( Model, Cmd Msg )
update msg model =
    case msg of
        -- (2) 画面遷移のリクエストを受けたとき
        LinkClicked urlRequest ->
            case urlRequest of
                -- 内部リンクならブラウザの URL を更新します
                Browser.Internal url ->
                    ( model, Nav.pushUrl model.key (Url.toString url) )

                -- 外部リンクなら通常の画面遷移を行います
                Browser.External href ->
                    ( model, Nav.load href )

        -- (3) URL が変更されたとき
        UrlChanged url ->
            ( { model | url = url }
            -- 何もしていませんが、本当はここでサーバーからデータをもらうはずです
            , Cmd.none
            )



-- SUBSCRIPTIONS


subscriptions : Model -> Sub Msg
subscriptions _ =
    Sub.none



-- VIEW
```

```
view : Model -> Browser.Document Msg
view model =
    { title = "URL Interceptor"
    , body =
        [ text "The current URL is: "
        , b [] [ text (Url.toString model.url) ]
        , ul []
            -- (1) 各リンクからクリックイベントが発生する
            [ viewLink "/home"
            , viewLink "/profile"
            , viewLink "/reviews/the-century-of-the-self"
            , viewLink "/reviews/public-opinion"
            , viewLink "/reviews/shah-of-shahs"
            ]
        ]
    }


viewLink : String -> Html msg
viewLink path =
    li [] [ a [ href path ] [ text path ] ]
```

ここで、`Browser.UrlRequest`、`Url.Url`という2つの型が登場していますので、中身を追ってみましょう。

UrlRequest

`UrlRequest`という新しい型は、次のように`Internal`と`External`という2つのコンストラクタを持つカスタム型です。

```
type UrlRequest
    = Internal Url
    | External String
```

たとえば、`https://example.com`というURLから次へのリンクはすべて`Internal`（内部）リンクになります。

- settings#privacy
- /home
- https://example.com/home
- //example.com/home

これらはすべて`https://example.com`ドメインに属しています。

一方、次のようにドメインやプロトコルが異なっているURLはすべて `External`（外部）リンクと見なされます。

- https://elm-lang.org/examples
- https://other.example.com/home
- http://example.com/home

Url

`Url` は `elm/url` パッケージに定義されています。使うためには、まずインストール（`elm install elm/url`）する必要があります。

```
type alias Url =
    { protocol : Protocol
    , host : String
    , port_ : Maybe Int
    , path : String
    , query : Maybe String
    , fragment : Maybe String
    }

type Protocol
    = Http
    | Https
```

ここで使われている用語はURIの仕様を定めた（RFC）に倣っているようです。

URL https://tools.ietf.org/html/rfc3986

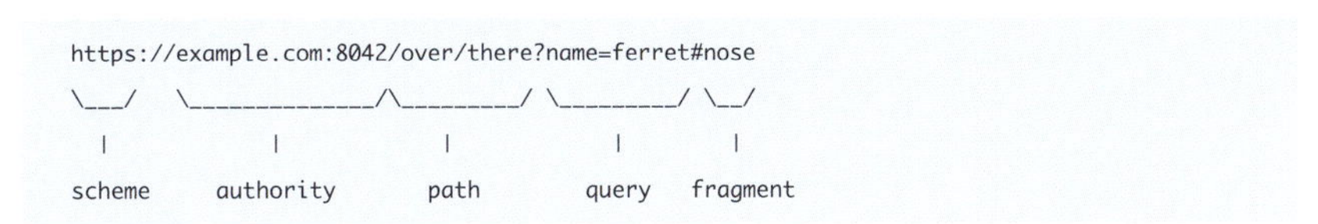

動かして試す（elm reactor）

`Browser.application` で作られたアプリケーションを動かすためにはサーバーを起動する必要があります。なぜでしょうか。試しに `elm make` で作ったHTML ファイルを開いてみましょう。画面には何も表示されません。代わりにコンソールに次のようなエラーメッセージが出ています（筆者の環境でファイルを開いた結果）。

```
index.html:733 Uncaught Error: Browser.application programs cannot handle URLs like this:

    file:///Users/jinjor/Projects/elm-book/examples/navigation/index.html

What is the root? The root of your file system? Try looking at this program with `elm
reactor` or some other server.
```

`Browser.application` のプログラムは `file:///...` のようなURLを処理できないと書いてあります。確かにファイルシステムのパスの情報からはどこがアプリケーションのルートなのかわかりませんね。

解決するにはいくつか方法がありますが、まずはメッセージに従って `elm reactor` コマンドを叩いてみましょう。 `http://localhost:8000` にアクセスして目的のページを探しましょう。

The current URL is: **http://localhost:8000/index.html**

- /profile
- /members?q=jinjor
- #foo
- https://github.com

ちゃんと表示されているようです。表示されているリンクをいくつかクリックしてURLが正しく切り替わっていること、ブラウザの「進む」「戻る」ボタンが正しく動作することを確認しましょう。

別にどうということない動きに見えますが、ナビゲーションはすべてクライアント側で制御しているため、JavaScriptやCSSの再読み込みは発生しなくなっています。これは大きな進歩です。

また、リンクもさまざまなものに変えて `UrlRequest` や `Url` の構造がどう変化するかも試してみましょう。これはElmのテクニックの1つですが、 `Debug.log` ですべてのメッセージをコンソールに表示することで何が起きたのかを追うことができます。

```
case Debug.log "msg" msg of
    ...
```

ところで、ここで1つ問題があります。 `/profile` ページに遷移した後で画面を再読み込み(F5キー)すると、サーバーが404 NotFoundエラーを返してしまいます。

404

Page not found

これはまったく正しい動きです。サーバーは `/` のパスに対して `index.html` を返しますが、`/profile` にアクセスしてもそこには何もないからです。

動かして試す（Node.js）

これを解決するためには、サーバー側に少し手を入れる必要があります。

アクセスされたURLが `/profile` であろうと、`/reviews/the-century-of-the-self` であろうと、同じHTMLファイル（ `index.html` ）を返せばよいのです。

そこで、フロントエンド開発者には馴染みの深いNode.jsを使ってサーバー側の処理を実装してみましょう。次のような `index.js` ファイルを用意しましょう。これですべてのパスで `index.html` を返すようになります。

```
const http = require("http");
const fs = require("fs");
http
  .createServer((req, res) => {
    console.log(req.url);
    const html = fs.readFileSync("./index.html");
    res.writeHeader(200, { "Content-Type": "text/html" });
    res.write(html);
    res.end();
  })
  .listen(3000);
```

これだけです！　ただし、説明のためにかなり雑な実装をしていることに注意してください。すべてのパスにマッチするということは、`.js` や `.css` のようなアセットを返すことができませんし、もしパスがおかしくても404 NotFoundの代わりに200 OKが返ってきます。もちろん200が返ってもJavaScript（Elm）で404エラーを表示することはできるのですが、クローラーにはわからないため、SEOに影響が出るかもしれません（これは「ソフト404」と呼ばれています）。

話を戻しましょう。`node` コマンドでこのサーバーを起動して `localhost:3000` にアクセスします。

```
$ node index.js
```

リンクをクリックして再読み込みを試すと、今度はちゃんと画面が表示されるはずです。リンクをクリックしたときはサーバーがリクエストを受け取っていないことも確認しましょう。

Browser.applicationの制約

`Browser.application` を使ったアプリケーションは `Browser.element` のように**HTMLの一部に埋め込むことができません**。有効なのは全画面にElmアプリケーションを表示する場合のみです。

なぜこのような制約があるのでしょうか？　それは、埋め込み型のアプリケーションの場合、Elmと他のアプリケーションでURLという1つのリソースを奪い合ってしまうからです。

もしヘッダー部分のみReactアプリケーション、それ以外をElmアプリケーションという分担をしていて、それぞれが `popstate` を受け取るように制御を行うとどうなるでしょう。後々、お互いに相手がそうしていたことを忘れて厄介なバグを引き起こすでしょう。

もう1つの制約として、`Browser.Navigation.pushUrl` のような関数は `Browse.application` からしか実行できません。`pushUrl` は内部的にHistory APIの `pushState()` を呼び出しますが、これによってやはり他のプログラムと干渉するからです。この制約を強制するために、`Browser.Navigation.pushUrl` は第1引数に `Key` 型の値を受け取ります。この `Key` は `Browser.application` の `init` でしか手に入れることはできません。

以上が、`Browser.application` が全画面に限定される理由です。

とはいえ、`Browser.element` でナビゲーション機能が使えないのは不便に思われるかもしれませんね。`Browser.element` でナビゲーションを行う方法は189ページのコラムで改めて解説します。

COLUMN

Browser.applicationの内部実装

Browser.applicationはどのように実装されているのでしょうか？　Elmのソースコードはすべてオープンソースになっていますから、時には実装を眺めてみましょう。これは下記から該当箇所を抜き出してきたものです（コメントは筆者が入れています）。

URL hhttps://github.com/elm/browser/blob/master/src/Elm/Kernel/Browser.js

```
function _Browser_application(impl) {
  var onUrlChange = impl.__$onUrlChange;
  var onUrlRequest = impl.__$onUrlRequest;
  var key = function() {
    // onUrlChange に URL を渡す
    key.__sendToApp(onUrlChange(_Browser_getUrl()));
  };

  return _Browser_document({
    __$setup: function(sendToApp) {
      key.__sendToApp = sendToApp;
      // popstate と hashchange イベントをブラウザから受け取る
      _Browser_window.addEventListener("popstate", key);
      _Browser_window.navigator.userAgent.indexOf("Trident") < 0 ||
        _Browser_window.addEventListener("hashchange", key);

      return F2(function(domNode, event) {
        //「普通のリンク」を「普通にクリック」したとき
        if (
          !event.ctrlKey &&
          !event.metaKey &&
          !event.shiftKey &&
          event.button < 1 &&
          !domNode.target &&
          !domNode.hasAttribute("download")
        ) {
          // preventDefault() でブラウザの画面遷移を止める
          event.preventDefault();
          var href = domNode.href;
          var curr = _Browser_getUrl();
          var next = __Url_fromString(href).a;
          // onUrlChange に URL を渡す
          sendToApp(
            onUrlRequest(
              next &&
                // protocol, host, port がすべて現在のページと同じであれば
                // 内部リンクと見なす
                curr.__$protocol === next.__$protocol &&
```

```
                curr.__$host === next.__$host &&
                curr.__$port_.a === next.__$port_.a
                ? __Browser_Internal(next)
                : __Browser_External(href)
            )
          );
        }
      });
    },
    __$init: function(flags) {
      return A3(impl.__$init, flags, _Browser_getUrl(), key);
    },
    __$view: impl.__$view,
    __$update: impl.__$update,
    __$subscriptions: impl.__$subscriptions
  });
}
```

この関数からだけでは全貌を把握することはできませんが、主要な処理はわかります。

まず、`window` から受け取っているイベントは `popstate` と `hashchange` の2つです。次に、`preventDefault()` を実行する条件は、CtrlやShiftキーを押しておらず、右クリックではなく、`<a>` タグの `target` が指定されておらず、かつ `download` 属性がないときです。

`Internal` と `External` の判定は、プロトコル・ホスト・ポートがすべて現在のURLと一致していたときは `Internal` 、それ以外は `External` となっています。

このロジックをすべて1から考えて正しく実装するのは大変です。Elm 0.18まではこの実装ノウハウはコミュニティ内で受け継いでいたのですが、0.19からは `Browser.application` に任せれば面倒なことはすべてElmが引き受けてくれます。

COLUMN

Browser.elementでナビゲーションを行う

先ほど説明した通り、`Browser.element` ではナビゲーション機能を使うことができません。ただし、自力で実装するのが非常に大変かといわれると、そこまででもありません。`Browser.application` からリンクされている下記のURLでその方法を見ることができます（もし消えていたらmasterを1.0.0などに変えてください）。

URL https://github.com/elm/browser/blob/master/notes/navigation-in-elements.md

上記のリンクから一部のコードを引用します。

```
// Elm プログラムの初期化
var app = Elm.Main.init({
  flags: location.href,
  node: document.getElementById("elm-main")
});

// ブラウザのナビゲーションを知らせる(「進む」・「戻る」ボタン)
window.addEventListener("popstate", function() {
  app.ports.onUrlChange.send(location.href);
});

// リクエストを受けたら URL を変更してアプリケーションにそれを知らせる
app.ports.pushUrl.subscribe(function(url) {
  history.pushState({}, "", url);
  app.ports.onUrlChange.send(location.href);
});
```

```
-- NAVIGATION


port onUrlChange : (String -> msg) -> Sub msg


port pushUrl : String -> Cmd msg


link : msg -> List (Attribute msg) -> List (Html msg) -> Html msg
link href attrs children =
  a (preventDefaultOn "click" (D.succeed (href, True)) :: attrs) children


locationHrefToRoute : String -> Maybe Route
locationHrefToRoute locationHref =
  case Url.fromString locationHref of
    Nothing -> Nothing
    Just url -> Url.parse myParser url
```

やっていることとしては、フラグとポートを使ってブラウザのHistory APIを利用しています。また、クリック時にはブラウザのデフォルトの挙動をキャンセルするために `Html.Events.preventDefaultOn` を使っています。

ただ、注意点としては、このコードは1つ前のコラムで紹介した `Browse.application` の内部実装を完全には再現していません。一例として「Ctrlキーが押されていなければ」という条件でメッセージを発生させるには、次のようにするとよいでしょう。

```
onClickLink : msg -> Attribute msg
onClickLink message =
    preventDefaultOn "click"
        (Decode.map2
            (\ctrl meta ->
                ( message
                , not ctrl && not meta -- この条件で preventDefault() する
                )
            )
            (Decode.field "ctrlKey" Decode.bool)
            (Decode.field "metaKey" Decode.bool)
        )
```

URLのパース

《ナビゲーション》(p.179)で1つやり残したことがありました。その部分を再掲しましょう。

```
-- (3) URL が変更されたとき
UrlChanged url ->
    ( { model | url = url }
    -- 何もしていませんが、本当はここでサーバーからデータをもらうはずです
    , Cmd.none
    )
```

SPAではURLに対応するページを表示するためにAPIサーバーにデータを問い合わせる必要があります。そのためには、まず、URLを正しくパース(解析)できなくてはいけません。

たとえば、`http://localhost:3000/groups/10/users?q=evan&limit=20` のようなURLから、そのURLが指しているページと付随するパラメータを正しく抜き出すためにはどうすればよいでしょうか。もちろん、`String.split "/"` で文字列を分割して必要なら数値に直して…ということもできそうですが、すぐに汚くなりそうですね。

ここでは `elm/url` パッケージの `Url.Parser` モジュールを使ってURLを解析する方法を紹介します。

Url.Parserの使い方

例として、ブログサイトの構成を考えましょう。トップ画面、ログイン画面、そしてもちろん各記事のページ、それから検索結果のページも用意する必要があるかもしれません。

- /
- /login
- /articles
- /articles?search=elm
- /atricles/10
- /atricles/10/settings

これらのパスをUrl.Parserモジュールを使ってパースするには次のようにします。

```
import Url exposing (Url)
import Url.Parser exposing ((</>), (<?>), s, int, top, map)
import Url.Parser.Query as Q

-- カスタム型を使って各パスを表す
type Route
    = Top
    | Login
```

```
    | Articles (Maybe String)
    | ArticleSettings Int

-- パーサー(構文解析器)を作る
routeParser : Parser (Route -> a) a
routeParser =
    oneOf
        [ map Top top
        , map Login (s "login")
        , map Articles (s "articles" <?> Q.string "search")
        , map Article (s "articles" </> int)
        , map ArticleSettings (s "articles" </> int </> s "settings")
        ]

-- 上のパーサーを使って URL をパースする
urlToRoute : Url -> Maybe Route
urlToRoute url =
    Url.Parser.perse routeParser url
```


ここで新しく登場した演算子 `</>` と `<?>` は、それぞれURLの `/` と `?` だと思って読んでください。

`/atricles/10/settings` をパースしたければ `s "articles" </> int </> s "settings"` のように、演算子を使って直感的に記述することができるというわけです。

さらに、`oneOf [ ... ]` を使うと、複数のパスを上から調べてマッチングすることができます。どれにもマッチしなければ、`Url.Parser.perse routeParser url` の結果は `Nothing` になります。

```
/                        => Just Top
/login                   => Just Login
/articles                => Just (Articles Nothing)
/articles?search=elm     => Just (Articles (Just "elm"))
/atricles/10             => Just (Article 10)
/atricles/10/settings    => Just (ArticleSettings 10)
/foooo                   => Nothing
```

ハッシュ(#)がついている例も見てみましょう。`fragment` 関数を使います。たとえば、`http://example.com/slides/elm-best-practice#43416` のようなURLをパースするには次のようにします。

```
type alias Slide =
    { title : String
    , comment : Maybe Int
    }

slideParser : Parser (Slide -> a) a
```

```
slideParser =
    map Slide (s "slides" </> string </> fragment (Maybe.andThen String.toInt))
```

その他の関数は、例によってパッケージサイトで確認しておきましょう。

URL https://package.elm-lang.org/packages/elm/url/latest/Url-Parser

COLUMN Url.ParserのAPI

これまでの解説と違い、ここまで型の説明をしてきませんでした。しかし、応用するにはもう少し深入りする必要があるでしょう。上記で使われている主な関数をいくつか挙げてみます。

```
s : String -> Parser a a
int : Parser (Int -> a) a
string : Parser (String -> a) a
top : Parser a a
parse : Parser (a -> a) a -> Url -> Maybe a
```

難解ですね。コツとしては、`Int`を取り出したいときは`Parser (Int -> a) a`、`String`を取り出したいときは`Parser (String -> a) a`を作ります。一般的に`X`を取り出したいときは`Parser (X -> a) a`の形にします。型変数`a`はほとんど飾りで、ここが重要な意味を持つことはないのでいつも`a`にしておけば大丈夫です。

`parse : Parser (a -> a) a -> Url -> Maybe a`に`Parser (Int -> a) a`を適用すると、`a = Int`なので最終的に`Maybe Int`になります。

もう1つ、上記の例でさりげなく`map Top top`と書いてありますが、よく見ると`Top`は関数ではありません。どうして動くのでしょう？　ここで`map`を見てみます。

```
map : a -> Parser a b -> Parser (b -> c) c
```

この定義は変則的ですね！　おそらくこれは`oneOf [ map ..., map ..., map ... ]`のようにきれいに並ぶようにするためのトリックでしょう。丁寧に追っていけば`Top : Route`と`top : Parser a a`を与えたときに、最終的に`Parser (Route -> c) c`になることが確認できると思います。

白状すると、筆者は最初この定義を見て何を言っているのかさっぱり理解できませんでした。しかし、安心してください。今後、これ以上、技巧的な型を目にすることはおそらくないでしょう！　APIドキュメントに書かれている使い方から大きくそれない限り、特に詰まらず使えるはずです。

Url.Builder

Parserとは逆に、URLを組み立てるためのモジュールもあります。

```
> import Url.Builder

> Url.Builder.absolute [ "packages", "elm", "core" ] []
"/packages/elm/core" : String

> Url.Builder.relative [ "packages", "elm", "core" ] []
"packages/elm/core" : String

> Url.Builder.crossOrigin "https://example.com" [ "products" ] []
"https://example.com/products" : String
```

Builderの役割としては、単にスラッシュで文字列を結合するだけではなく、クエリ文字列をパーセントエンコーディングしているということです。これは文字列の中に `/` や `#` のような記号が入っているURLを正しく作るために重要な処理です。

```
> Url.Builder.toQuery [ Url.Builder.string "search" "coffee table" ]
"?search=coffee%20table" : String
```

逆に、Url.Parserの方では内部でパーセントデコードが行われています。

なお、執筆時点でパスに含まれる文字列が正しくパーセントエンコード・デコードされないバグがあります。もし直っていない場合は、`Url.parcentEncode` や `Url.parcentDecode` を使うようにしてください。

CHAPTER 04 Webアプリ開発の実践

ユニットテスト

ユニットテスト(単体テスト)は、関数やモジュールが期待通りに動くかどうかをテストするものです。メジャーなプログラミング言語であれば、その言語自身のプログラムでテストを実行するための仕組みが大抵、用意されています。もちろん、Elmも例外ではありません。

Elmでプログラムを書いていると、時折「Elmは強力な型検査でバグが防げるからテストはいらないのでは?」という錯覚に襲われることもありますが、型だけでは防げないバグもたくさんあるので、やはりテストは必要です。

ここでは、Elmの「準公式」ともいえるテストツール**elm-test**を紹介します。elm-testはEvan Czaplicki氏の同僚であるRichard Feldman氏を中心に精力的に開発が進められています。

準備

elm-testは、npmを使ってインストールすることができます。

```
$ npm install -g elm-test
```

プロジェクトの管理上は `package.json` で管理するのがよいでしょう。なお、以降の説明ではグローバルインストールした前提で話を進めます。

```
$ npm install --save-dev elm-test
```

テストのひな形を作成する

`elm.json` のあるディレクトリで `elm-test init` コマンドを実行すると、最初のひな形を作ってくれます。

```
$ elm-test init
```

```
my-app
 ├ elm-stuff/
 ├ src/
 ├ tests/
 │   └ Example.elm
 └ elm.json
```

`tests/` ディレクトリとテストのひな形 `tests/Example.elm` が作成されました。そして、テストに必要なパッケージも `test-dependencies` に追加されています。

```
    "test-dependencies": {
        "direct": {
            "elm-explorations/test": "1.2.0"
        },
        "indirect": {
            "elm/random": "1.0.0"
        }
    }
```

すでに `Example.elm` に何かテストが書かれているようなので、ここですかさず実行してみましょう。 `elm-test` コマンドを実行するとすべてのテストが実行されます(実行されるのは `/tests` 以下の `*.elm` ファイルに書かれている `exposing ..` されている `Test` 型の値です)。

```
$ elm-test

elm-test 0.19.0-rev3
--------------------

Running 1 test. To reproduce these results, run: elm-test --fuzz 100 --seed
326965111154693 /Users/jinjor/Projects/elm-book/work/project3/tests/Example.elm


TEST RUN INCOMPLETE because there is 1 TODO remaining

Duration: 146 ms
Passed:   0
Failed:   0
Todo:     1
↓ Example
◦ TODO: Implement our first test. See https://package.elm-lang.org/packages/elm-
explorations/test/latest for how to do this!
```

「TEST RUN INCOMPLETE because there is 1 TODO remaining」(TODOが1つ残っているためテストを完了できなかった)と出ています。最後の1文によると「TODO: 最初のテストを実装する。詳しくはhttps://package.elm-lang.org/packages/elm-explorations/test/latestを見てね!」とのことです。このURLはテスト用のライブラリの最新バージョンへのリンクです。

elm packages elm-explorations / test / 1.2.0

elm test build passing

Write unit and fuzz tests for Elm code.

Quick Start

Here are three example tests:

```
suite : Test
suite =
    describe "The String module"
        [ describe "String.reverse" -- Nest as many descripti
            [ test "has no effect on a palindrome" <|
                \_ ->
                    let
                        palindrome =
                            "hannah"
                    in
                        Expect.equal palindrome (String.rever

            -- Expect.equal is designed to be used in pipelin
            , test "reverses a known string" <|
                \_ ->
                    "ABCDEFG"
                        |> String.reverse
                        |> Expect.equal "GFEDCBA"

            -- fuzz runs the test 100 times with randomly-gen
            , fuzz string "restores the original string if yo
                \randomlyGeneratedString ->
                    randomlyGeneratedString
                        |> String.reverse
                        |> String.reverse
                        |> Expect.equal randomlyGeneratedStri
            ]
        ]
```

This code uses a few common functions:

- `describe` to add a description string to a list of tests
- `test` to write a unit test

README
Browse Source

Module Docs

Search

Expect
Fuzz
Shrink
Test
Test.Html.Event
Test.Html.Query
Test.Html.Selector
Test.Runner
Test.Runner.Failure

Quick Startに書かれているテストをコピーペーストして、再度、`elm-test`を実行すると今度はテストが通ります。

```
$ elm-test

elm-test 0.19.0-rev3
--------------------

Running 3 tests. To reproduce these results, run: elm-test --fuzz 100 --seed 
238456102667604 /Users/jinjor/Projects/elm-book/work/project3/tests/Example.elm


TEST RUN PASSED

Duration: 151 ms
Passed:   3
Failed:   0
```

テストの書き方

下記は、elm-explorations/testのREADMEに書かれているテストのサンプルです。まずは何が書かれているかを見てみましょう。

```
suite : Test
suite =
    describe "The String module"
        [ describe "String.reverse" -- Nest as many descriptions as you like.
            [ test "has no effect on a palindrome" <|
                \_ ->
                    let
                        palindrome =
                            "hannah"
                    in
                        Expect.equal palindrome (String.reverse palindrome)

            -- Expect.equal is designed to be used in pipeline style, like this.
            , test "reverses a known string" <|
                \_ ->
                    "ABCDEFG"
                        |> String.reverse
                        |> Expect.equal "GFEDCBA"

            -- fuzz runs the test 100 times with randomly-generated inputs!
            , fuzz string "restores the original string if you run it again" <|
                \randomlyGeneratedString ->
                    randomlyGeneratedString
                        |> String.reverse
                        |> String.reverse
                        |> Expect.equal randomlyGeneratedString
            ]
        ]
```

`describe` はテストを意味のある単位でまとめるための仕掛けです。ちょうどフォルダと同じような感覚で名前をつけて入れ子にすることができます。

この例ではStringモジュールの `String.reverse` 関数をテストしているようです。最初のテストケースは「回文には何も影響を与えない」です。

```
-- String.reverse は「回文には何も影響を与えない」
test "has no effect on a palindrome" <|
    \_ ->
        let
            palindrome =
                "hannah"
        in
            Expect.equal palindrome (String.reverse palindrome)
```

文字列 "hannah"（ハンナ：人名）は逆にしても "hannah" です。 Expect.equal 関数を使って両者が一致するかどうかを確かめています。

次のテストは Expect.equal はパイプラインで書けるようになっているよ、ということを示す例です。

```
-- Expect.equal is designed to be used in pipeline style, like this.
, test "reverses a known string" <|
    \_ ->
        "ABCDEFG"
            |> String.reverse
            |> Expect.equal "GFEDCBA"
```

ちなみに、ここまでで登場している関数の型を書いておきます（辻褄が合うことが確認できるでしょうか?）。

```
describe : String -> List Test -> Test
test : String -> (() -> Expectation) -> Test
equal : a -> a -> Expectation
```

ランダム値を使ったテスト

最後のテストは、少し変わった書き方をしています。

```
-- fuzz runs the test 100 times with randomly-generated inputs!
, fuzz string "restores the original string if you run it again" <|
    \randomlyGeneratedString ->
        randomlyGeneratedString
            |> String.reverse
            |> String.reverse
            |> Expect.equal randomlyGeneratedString
```

これはランダムな入力値（fuzz）を使ったテストです。「 String.reverse を2回実行すると元の文字列に戻る」という性質がどんな文字列に対しても成り立つことを確かめるために、ランダムな文字列を自動生成してテストを100回実行しています。

実際にどのような値が生成されているのかは、次のように Debug.log で確かめることができます。

```
            randomlyGeneratedString
+                |> Debug.log "input"
                 |> String.reverse
```

次のような結果が得られます。

```
input: "h/?JZPR$}"
input: "\t\t\n\t\n\t "
input: "h2jC"
```

CHAPTER 04 Webアプリ開発の実践

```
input: ".&$1#U!xO"
input: "\\"
input: "cZCm"
input: "JbXvgB5qn(+3hfn!D@vCNj,LEE=NNvo%N@QO_ieEl]>):sj$g$,x]?#Xo5?PEBuNfyPoG~L#,+>KJ
a]~*RLo1+|!qLJW2n2beATC3RRVT^qox&([Xp`l.g_@%;&v5,qsvJ%.kz%UrxU9}!=.8tm]P?h<7H\\!yl6-)
od$S{ijF:J'R3}Bh!:-Hn8'&y1IyicicBu;\\#I_v?hY%Y-H-DJL<u)VdApQ2)8WQf'vljNm9(~**9>7xd
56^\"UE+N*y6Hj+B=\\7ui3K(g+_yM<$'vBF,fWa$wJ`^nE~C}kn6>7w5P* PGy'\\QwOWNHON>~Wor\\
kB@1$}m1M'hpKn]]-rYK-;*>gH{op>^a/dgYJ^;\\vE_Cxj$'o`<L=(`68/b6yHNmW<ci|zH?q&Gb]jC_
j.p9Q'ofk;an,l@8|fs7S9hC?LzB<-ZP\\=C;T=x>_`M>p>R$o)h\\5prde!hHj|AXcX$p&- 0\\$kui;/3_w($5Wf_W]
U]u7DE\",6#hlg6%k&qgITtC,6g]V@Fd(O]-,_Jo[0!nR(<ue&mhbsyGc>8UTh_VwU``:jj0DvH71Nz\\<}-9.P1-L@
D@:WHd}mHC`THdp|VO:&`81n?r4Ue{gjE]DO(^3M2\\$qM;Id@9V@EbOz^=hji;n=jFu9#0e+X|QbaK Oz5&X}\\`W(Tb
.=IoN<~#GVaFeD?(DS*M+-H(li)S]06+Mg-G]$pfwUp6n#wr^,}EcxD,35(?'nS;:C+6\\\\I>LB;D:j1s^IXe9pv&pGa
$saC8VrxLDl4$b,s#>C\"QCIV=$<BMC7168HiyZ[ _DA(r>9d5k^X&NvC6\\03W|<*a>D/?#"
input: "!_cu#f.r:BYRuM;@H8MjbFKa]Y6xy Bc5m| NAxmHl.9j9<M\\k(SnD\\/Zbz|s0sa%Tg;6Z[u|u./
{\"fph=-6QaiAY):['.eUe5\\MHqT8Px\\]+ODr9Ve)dn?f,\\TTdlMh<t^zF{nk&3;p$zjyzMJ#Yl5Ik%@+Q'<Mo|bj9
}#mS~IcDu_Hi={E,/!x9B VD:Pz#S7lI)L#r_@lYz*>>QWq0Z%gddrPT@ElkIZ|mnE^VzGt\\4=Konr<c$C{W4\"R&v9_
;pmDc=y4Sq@vD%HOVH\\)Hc?*9B!FkA::9^/|+9r@Ri/Rx0-;~vxU"
input: ""
input: "\\J;3"
input: "Y"
input: "46/rvZ87i"
input: ".Hf(!#}L%"
input: "gbnLF{:S2v[oAD>@k(@a}sl/mfEto)K#;*ONJxqXC"
(...以下略)
```

記号がふんだんに使われていてとても嫌らしいですね! 中には十分に長い文字列、それから「境界値」である空文字もちゃんとあります。なるべくバリエーションを持たせてバグを発見しやすい値が選択されているというわけです。

次に、新しく登場した関数を見ていきます。

```
fuzz : Fuzzer a -> String -> (a -> Expectation) -> Test
string : Fuzzer String
```

`Fuzzer a`を使うと`a`型の値を生成してくれるというわけです。

`Fuzzer a`という型は`Decoder a`とよく似ていますね。使い方もよく似ています。たとえば、`List Int`をランダムに生成したい場合は`list int`のように組み合わせることで`Fuzzer (List Int)`を作ることができます。

```
list : Fuzzer a -> Fuzzer (List a)
int : Fuzzer Int
```

このように、好きなように組み合わせて任意の型の値を作ることができます。

COLUMN その他のテスト

ここで紹介したもの以外にもさまざまなテストを行うためのライブラリがあります。有名どころを簡単に紹介しましょう。

▶HTMLのテスト

elm-explorations/testではHTMLのテストもサポートしています。クエリで要素を検索したり、イベントをシミュレートすることができます。

```
test "The list has three items" <|
    \() ->
        div []
            [ ul [ class "items active" ]
                [ li [] [ text "first item" ]
                , li [] [ text "second item" ]
                , li [] [ text "third item" ]
                ]
            ]
            |> Query.fromHtml
            |> Query.findAll [ tag "li" ] -- li 要素を探し、
            |> Query.count (Expect.equal 3) -- 3 つあることをチェックする
```

▶ベンチマーク

ベンチマークをとるための専用ライブラリもあります。速度が重要なライブラリを作る場合は、ぜひチェックしておきましょう。

URL https://package.elm-lang.org/packages/elm-explorations/benchmark/latest

```
suite : Benchmark
suite =
    let
        sampleArray = Hamt.initialize 1000 identity
    in
        describe "Array.Hamt"
            [ describe "slice" -- nest as many descriptions as you like
                [ benchmark3 "from beginning" Hamt.slice 3 1000 sampleArray
                , benchmark3 "from end minor" Hamt.slice 0 -3 sampleArray
                , benchmark3 "from end major" Hamt.slice 0 500 sampleArray ]
            , Benchmark.compare "initialize" -- compare the results of two benchmarks
                (benchmark2 "HAMT" Hamt.initialize n identity)
                (benchmark2 "core" Array.initialize n identity)
            ]
```

▶ドキュメントのテスト

APIドキュメントにサンプルコードを書いても、メンテナンスをサボっているうちにコンパイルすら通らなくなっていた、なんて経験はないでしょうか?　elm-verify-examplesを使うと、ドキュメント中のサンプルコードをテストことができます(通称、「doctest」と呼ばれています)。

URL https://www.npmjs.com/package/elm-verify-examples

```
{-| returns the sum of two int.

    -- You can write the expected result on the next line,

    add 41 1
    --> 42

    -- or on the same line.

    add 3 3 --> 6

-}
add : Int -> Int -> Int
add =
    (+)
```

メンテナンスの手間を減らすだけでなく、使い方を示すこともできるので一挙両得です。

ただし、サンプルコードだけで十分なケースを網羅することはできないので、elm-verify-examplesはあくまでドキュメントのメンテナンスのために使い、本当のテストはelm-testに書くというように使い分けるとよいでしょう。

CIでテストを実行する

開発中のプロダクトを定期的にテストしたりデプロイすることを**CI(Continuous Integration：継続的インテグレーション)**と呼びます。

最近では自前でサーバーを立てなくても専用のサービスを利用することで、コストをかけずにCIを導入できるようになりました。サービスの例としては、Travis CIやCircleCIが有名です。また、Windows環境でテストを行えるAppveyorというサービスもあります。

- Travis CIの公式サイト

  URL https://travis-ci.org/

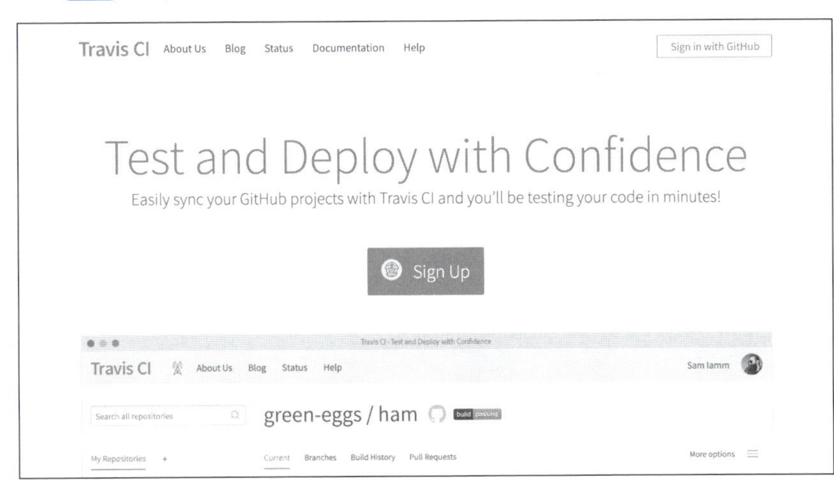

- CircleCIの公式サイト

  URL https://circleci.com/

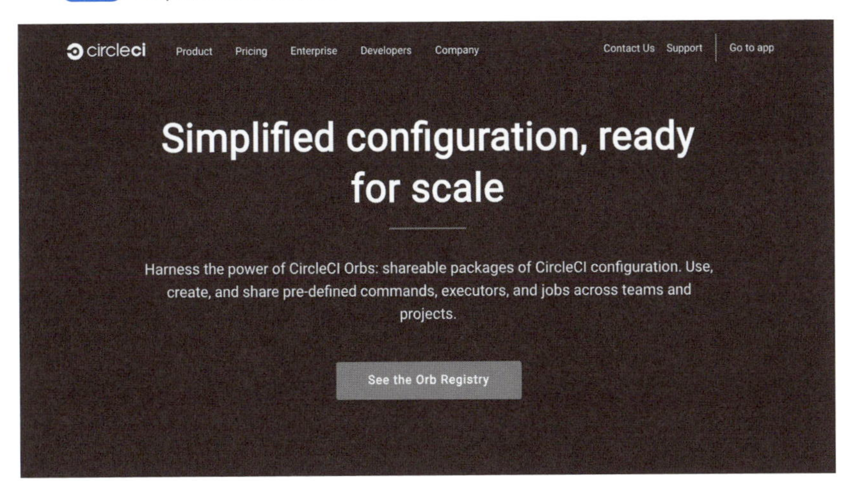

- AppVeyorの公式サイト

  URL https://www.appveyor.com/

一例として、GitHub上のElmプロジェクトとTravis CIを連携する方法を見てみましょう。

まず、GitHubアカウントを使ってTravis CIにログインすると、自分のアカウントに関連するリポジトリ一覧が表示されます。ここで目的のプロジェクト(たとえば、my-name/my-app)の設定を「ON」にします。

次に、プロジェクトのディレクトリに `.travis.yml` という設定ファイル(YAML形式)を置いておきます。

SAMPLE CODE .travis.yml

```
language: node_js
node_js:
  - 10
before_script:
  - npm install -g elm@0.19
  - npm install -g elm-test@0.19.0-rev3
script: elm-test --fuzz 100 --seed 238456102667604
```

上記の例ではelmをグローバルインストールしていますが、elmをNode.jsプロジェクトとしてローカルで管理している場合はもっと省力化できます。Travis CIはNode.jsプロジェクトに対して何も書かなくても `npm install` や `npm test` を実行してくれるからです。 `package.json` に `"scripts": { "test": "elm-test" }` と設定しておくと、次のようにスッキリ書くことができます。

SAMPLE CODE .travis.yml

```
language: node_js
node_js:
  - 10
script: npm test -- --fuzz 100 --seed 238456102667604
```

後はGitHubへプッシュするだけで、Travis CIが自動的にテストを実行してくれます。もしテストが失敗すると、自分のメールアドレス宛てに通知が届きます。こんなに簡単でありながら、publicリポジトリなら無料で利用できます。便利ですね!

ここで、 `--fuzz 100 --seed 238456102667604` のようにオプションを渡していることに注目してください。これは `elm-test` を実行したときに「同じテストを再現するにはこのコマンドを使ってね」と表示されていたものをコピーしてきたものです。ランダム値のテストがありますから、毎回、同じランダム値を生成するためにシード値(Seed)を渡しているのです。

Ⅲ CIでフォーマットをチェックする

テストだけでなく、コードが正しくelm-formatでフォーマットされているかもチェックすることができます。

```
$ elm-format src/ --validate
```

このコマンドは `src/` 以下のコードが正しくフォーマットされていなければエラーコードを返します。

また、複数人で開発しているときに、各人が別々のバージョンの`elm-format`を使っていると、編集するたびに大きな差分が出てしまいます。`elm-format`のバージョンも`package.json`で管理しておくとよいでしょう。

```
$ npm install --save-dev elm-format
$ npx elm-format src/ --validate
```

COLUMN　Travis CIのElmサポート

Travis CIユーザーに朗報があります。2018年11月からTravis CIはElm言語を公式にサポートしています!

```
language: elm
elm:
  - "0.19.0"
```

これだけでデフォルトの処理`elm-format --validate . && elm-test`を実行することができます。

詳しくは公式ドキュメントを参照してください。

URL https://docs.travis-ci.com/user/languages/elm

CIでのビルドが遅い問題を回避する

CIを利用するときに1つ注意点があります。「CI環境でElmのビルドが異様に遅い」という問題が報告されているからです。

URL https://github.com/elm/compiler/issues/1473

このIssueによると、本来、2.6秒のところが234秒と桁違いに遅くなっているようです(これはElm 0.18当時の数字なので0.19になって変わったかもしれません)。

原因をかいつまんで説明します。

Elmはビルド時にCPUのコア数をもとに軽量スレッドの生成量を調整しますが、CI環境では実際のコア数とプログラムから取得できるコア数に食い違いがあり、それがオーバーヘッドになっている可能性があるとのことです。具体的には、Travis CIのドキュメントによると実際のコア数が2であるのに対し、`/proc/cpuinfo`を調べると32とかなり大きな数字が取得できるそうです。

この問題は執筆時点ではまだ解決していませんが、回避策があります。`libsysconfcpus`というライブラリを使って`sysconf()`によって報告されるCPU数を上書きし、うまくElmコンパイラを騙して動作させるという方法です。

次ページに例は、筆者が使っているDockerfileから要点を抜き出してきたものです(Dockerである必要はありませんが、CIではDockerを使うことが多いです)。

SAMPLE CODE Dockerfile

```
FROM node:10

WORKDIR /root/app/

RUN git clone https://github.com/obmarg/libsysconfcpus.git; \
    cd libsysconfcpus; \
    ./configure --prefix=/root/app/sysconfcpus; \
    make && make install

ENV PATH=$PATH:/root/app/sysconfcpus/bin
```

次のコマンドでCPUコア数を2にして `elm make` を呼び出すことができます。

```
$ sysconfcpus -n 2 elm make src/Main.elm
```

これだけで劇的に速くなるのでぜひ試してみてください。

また、下記の記事では `elm` コマンドをラップして呼び出す方法や軽量なDockerfileの設定が紹介されています。ただし、Elm 0.18での設定なので、適切に読み替える必要があります。

- [Elm] CI環境でのElmビルド・テストを高速化
  URL https://qiita.com/ymtszw/items/bc7a649f1204bb287b4b

実践3：ナビゲーションとテスト

ここでは、Elmのナビゲーション機能を使うサンプルとして簡単なGitHubビューアーを作ります。また、URLが正しくパースされることを確かめるためにテストも書きます。

次のような仕様にしてみましょう。

- GitHubのユーザー名を一覧で表示する
- ユーザー名をクリックしたらそのユーザーのリポジトリ一覧を表示する
- リポジトリをクリックしたらIssue一覧を表示する

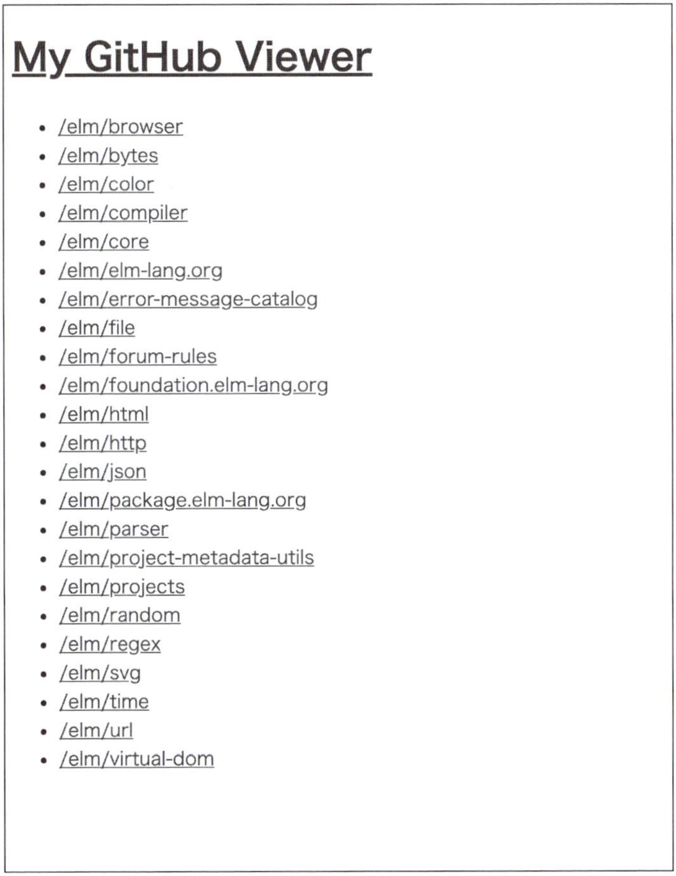

My GitHub Viewer

- /elm/browser
- /elm/bytes
- /elm/color
- /elm/compiler
- /elm/core
- /elm/elm-lang.org
- /elm/error-message-catalog
- /elm/file
- /elm/forum-rules
- /elm/foundation.elm-lang.org
- /elm/html
- /elm/http
- /elm/json
- /elm/package.elm-lang.org
- /elm/parser
- /elm/project-metadata-utils
- /elm/projects
- /elm/random
- /elm/regex
- /elm/svg
- /elm/time
- /elm/url
- /elm/virtual-dom

URLパーサーを実装する

仕様を吟味した結果、次のようなパスを用意することにしました。

- /
- /{user}
- /{user}/{repo}

次に、これらのパスを扱うために専用のRouteモジュールを用意します。

```
type Route
    = Top
    | User String
    | Repo String String
```

このRoute型は必ずしも定義する必要はありませんが（実際、package.elm-lang.orgでは定義していません）、URLから直接、ページを生成するよりはまずパスを表すデータを用意した方がテストしやすいだろうという設計判断で、今回は定義することにしました。

次に、URLをパースしてこのRouteオブジェクトを作るための関数を用意します。

```
parse : Url -> Maybe Route
parse url =
    Debug.todo "implement parser"
```

こんな感じでよいでしょう。実装を考える前にAPI（関数の型）をまず決めたというのがポイントです。

せっかくですからテストファーストで実装してみましょう。まず、テストを用意します。

```
suite : Test
suite =
    describe "Route"
        [ test "should parse URL" <|
            \_ ->
                Url.fromString "http://example.com/" -- Url 型の値を作る
                    |> Maybe.andThen Route.parse     -- パースする
                    |> Expect.equal (Just Route.Top) -- Top になっていることを確かめる
        ]
```

`elm-test`コマンドで実行すると次のように失敗します。

```
↓ RouteTest
↓ Route
✗ should parse URL

    This test failed because it threw an exception: "Error: TODO in module `Route` on line 21

    implement parser"
```

まだ実装を書いていないので当然ですね。

このテストを通してみましょう。テスト駆動開発の教えによれば、最初からすべて実装せずに最小限の実装をまず書くのが正しいやり方なのだそうです（本書はテスト駆動開発の本ではないので、詳細な説明は他書に譲ります）。

```
parse : Url -> Maybe Route
parse url =
    Just Top
```

今度はテストが通るはずです。さらにいくつかテストを追加した後、最終的にテストとパーサーの実装はそれぞれ次のようになるでしょう。

```
{-| テストケースを簡単に書くためのヘルパー関数
-}
testParse : String -> String -> Maybe Route -> Test
testParse name path expectedRoute =
    test name <|
        \_ ->
            Url.fromString ("http://example.com" ++ path)
                |> Maybe.andThen Route.parse
                |> Expect.equal expectedRoute


suite : Test
suite =
    describe "Route"
        [ testParse "should parse Top" "/" (Just Route.Top)
        , testParse "should parse Top with queries" "/?dummy=value" (Just Route.Top)
        , testParse "should parse Top with hash" "/#dummy" (Just Route.Top)
        , testParse "should parse User" "/foo" (Just (Route.User "foo"))
        , testParse "should parse Repo" "/foo/bar" (Just (Route.Repo "foo" "bar"))
        , testParse "should parse invalid path" "/foo/bar/baz" Nothing
        ]


parse : Url -> Maybe Route
parse url =
    Url.Parser.parse parser url


parser : Parser (Route -> a) a
parser =
    oneOf
        [ map Top top
        , map User string
        , map Repo (string </> string)
        ]
```

ページを定義する

次に考えるべきことは、`Route` が得られたときに表示するページです。

仕様によると、このアプリにはトップページ、ユーザーのリポジトリ一覧を表示するページ、リポジトリのIssue一覧を表示するページ、の3つのページがあります。これにプラスして、無効なURLであることを示すNot Foundページが追加で必要です。

```
type Page
    = NotFound
    | TopPage
    | UserPage (List Repo)
    | RepoPage (List Issue)
```

`UserPage` と `RepoPage` はそれぞれのページで表示する内容を保持しています。これで `update` 関数の `UrlChanged` を実装できそうです。

```
update : Msg -> Model -> ( Model, Cmd Msg )
update msg model =
    case msg of
        ...

        UrlChanged url ->
            case Route.parse url of
                -- URL に該当する Route がなかった場合は NotFound ページ
                Nothing ->
                    ( { model | page = NotFound }, Cmd.none )

                -- Route.Top だった場合はトップページ
                Just Route.Top ->
                    ( { model | page = TopPage }, Cmd.none )

                -- Route.User だった場合
                Just (Route.User userName) ->
                    Debug.todo "ページを初期化するためにデータを取得する"

                -- Route.Repo だった場合
                Just (Route.Repo userName projectName) ->
                    Debug.todo "ページを初期化するためにデータを取得する"
```

ここで2つことに気づきました。1つは、`UserPage` と `RepoPage` はそれぞれ表示する内容を取得するためにHTTPリクエストが必要だということです。もう1つはHTTPリクエストがエラーを返したときにそのエラーを表示する必要があるということです。

まず、ページの内容をHTTPで取得するために、メッセージを増やしましょう。

```
type Msg
    = UrlRequested Browser.UrlRequest
    | UrlChanged Url.Url
+   | Loaded Page
```

エラーの表示の仕方はいろいろと考えられますが、ここでは専用ページに表示することにしましょう。

```
type Page
    = NotFound
+   | ErrorPage Http.Error
    | TopPage
    | UserPage (List Repo)
    | RepoPage (List Issue)
```

Ⅲ 実装例(v1)

ここまでを踏まえて実装した最初のバージョンは次の通りです。

SAMPLE CODE 4_7_navigation-github/src-v1/Main.elm

```
module Main exposing (main)

import Browser
import Browser.Navigation as Nav
import Html exposing (..)
import Html.Attributes exposing (..)
import Http
import Json.Decode as D exposing (Decoder)
import Route exposing (Route)
import Url
import Url.Builder



-- MAIN


main : Program () Model Msg
main =
    Browser.application
        { init = init
        , view = view
        , update = update
        , subscriptions = subscriptions
        , onUrlChange = UrlChanged
        , onUrlRequest = UrlRequested
        }
```

```
-- MODEL


type alias Model =
    { key : Nav.Key
    , page : Page
    }


type Page
    = NotFound
    | ErrorPage Http.Error
    | TopPage
    | UserPage (List Repo)
    | RepoPage (List Issue)


init : () -> Url.Url -> Nav.Key -> ( Model, Cmd Msg )
init flags url key =
    -- 後に画面遷移で使うためのキーを Model に持たせておく
    Model key TopPage
        -- はじめてページを訪れたときも忘れずにページの初期化を行う
        |> goTo (Route.parse url)



-- UPDATE


type Msg
    = UrlRequested Browser.UrlRequest
    | UrlChanged Url.Url
    | Loaded (Result Http.Error Page)


update : Msg -> Model -> ( Model, Cmd Msg )
update msg model =
    case msg of
        -- 特に特別なことをしないときはこの実装でよいでしょう
        UrlRequested urlRequest ->
            case urlRequest of
                Browser.Internal url ->
                    ( model, Nav.pushUrl model.key (Url.toString url) )
```

```
                Browser.External href ->
                    ( model, Nav.load href )

        UrlChanged url ->
            -- ページを初期化処理をヘルパー関数に移譲
            goTo (Route.parse url) model

        -- ページの内容を非同期で取得したときの共通処理
        Loaded result ->
            ( { model
                | page =
                    case result of
                        Ok page ->
                            page

                        Err e ->
                            -- 失敗したときはエラー用のページ
                            ErrorPage e
              }
            , Cmd.none
            )


{-| パスに応じて各ページを初期化する
-}
goTo : Maybe Route -> Model -> ( Model, Cmd Msg )
goTo maybeRoute model =
    case maybeRoute of
        Nothing ->
            -- 未定義のパスなら NotFound ページを表示する
            ( { model | page = NotFound }, Cmd.none )

        Just Route.Top ->
            -- TopPage は即座にページを更新できる
            ( { model | page = TopPage }, Cmd.none )

        Just (Route.User userName) ->
            -- UserPage を取得
            ( model
            , Http.get
                { url =
                    Url.Builder.crossOrigin "https://api.github.com"
                        [ "users", userName, "repos" ]
                        []
                , expect =
                    Http.expectJson
                        (Result.map UserPage >> Loaded)
```

```
                    reposDecoder
                }
            )

        Just (Route.Repo userName projectName) ->
            -- RepoPage を取得
            ( model
            , Http.get
                { url =
                    Url.Builder.crossOrigin "https://api.github.com"
                        [ "repos", userName, projectName, "issues" ]
                        []
                , expect =
                    Http.expectJson
                        (Result.map RepoPage >> Loaded)
                        issuesDecoder
                }
            )


-- SUBSCRIPTIONS


subscriptions : Model -> Sub Msg
subscriptions _ =
    Sub.none



-- VIEW


view : Model -> Browser.Document Msg
view model =
    { title = "My GitHub Viewer"
    , body =
        [ a [ href "/" ] [ h1 [] [ text "My GitHub Viewer" ] ]
        -- 場合分けしてページを表示する
        , case model.page of
            NotFound ->
                viewNotFound

            ErrorPage error ->
                viewError error

            TopPage ->
                viewTopPage
```

```
            UserPage repos ->
                viewUserPage repos

            RepoPage issues ->
                viewRepoPage issues
        ]
    }

{-| NotFound ページ
-}
viewNotFound : Html msg
viewNotFound =
    text "not found"

{-| エラーページ
-}
viewError : Http.Error -> Html msg
viewError error =
    case error of
        Http.BadBody message ->
            pre [] [ text message ]

        _ ->
            text (Debug.toString error)

{-| トップページ
-}
viewTopPage : Html msg
viewTopPage =
    ul []
        -- ユーザー名を一覧にします
        -- 誰にしようか迷いますが、ひとまず決め打ちでこの 2 つにしておきます
        [ viewLink (Url.Builder.absolute [ "elm" ] [])
        , viewLink (Url.Builder.absolute [ "evancz" ] [])
        ]


viewUserPage : List Repo -> Html msg
viewUserPage repos =
    ul []
        -- ユーザーの持っているリポジトリの URL を一覧で表示します
        (repos
            |> List.map
                (\repo ->
                    viewLink (Url.Builder.absolute [ repo.owner, repo.name ] [])
                )
```

```
    )


viewRepoPage : List Issue -> Html msg
viewRepoPage issues =
    -- リポジトリの Issue を一覧で表示します
    ul [] (List.map viewIssue issues)


viewIssue : Issue -> Html msg
viewIssue issue =
    li []
        [ span [] [ text ("[" ++ issue.state ++ "]") ]
        , span [] [ text ("#" ++ String.fromInt issue.number) ]
        , span [] [ text issue.title ]
        ]


viewLink : String -> Html msg
viewLink path =
    li [] [ a [ href path ] [ text path ] ]



-- GITHUB


type alias Repo =
    { name : String
    , description : String
    , language : Maybe String
    , owner : String
    , fork : Int
    , star : Int
    , watch : Int
    }


type alias Issue =
    { number : Int
    , title : String
    , state : String
    }


reposDecoder : Decoder (List Repo)
reposDecoder =
```

```
    D.list repoDecoder


repoDecoder : Decoder Repo
repoDecoder =
    D.map7 Repo
        (D.field "name" D.string)
        (D.field "description" D.string)
        (D.maybe (D.field "language" D.string))
        (D.at [ "owner", "login" ] D.string)
        (D.field "forks_count" D.int)
        (D.field "stargazers_count" D.int)
        (D.field "watchers_count" D.int)


issuesDecoder : Decoder (List Issue)
issuesDecoder =
    D.list issueDecoder


issueDecoder : Decoder Issue
issueDecoder =
    D.map3 Issue
        (D.field "number" D.int)
        (D.field "title" D.string)
        (D.field "state" D.string)
```

見た目はいくらでもきれいにすることができると思いますが、ひとまずこんなところでよいでしょう。

GitHubモジュールを作る

だいぶMainがごちゃごちゃしてきました。GitHubに関するロジックはモジュール化してひとまとめにしてしまった方がスッキリしそうです。

Mainモジュールにとって必要な情報は `Issue` や `Repo` といった型情報、それからそれらを取得するAPIです。GitHub APIのURLや、取得したJSONをデコードする方法は実装詳細なので、GitHubモジュールの中に閉じ込めてしまいましょう。

SAMPLE CODE 4_7_navigation-github/src-v2/GitHub.elm

```
module GitHub exposing (Issue, Repo, getIssues, getRepos)


-- TYPES


type alias Repo =
    ...
```

```
type alias Issue =
    ...

-- DECODER（これらは非公開です）

reposDecoder : Decoder (List Repo)
reposDecoder =
    ...

repoDecoder : Decoder Repo
repoDecoder =
    ...

issuesDecoder : Decoder (List Issue)
issuesDecoder =
    ...

issueDecoder : Decoder Issue
issueDecoder =
    ...

-- API

getRepos : (Result Http.Error (List Repo) -> msg) -> String -> Cmd msg
getRepos toMsg userName =
    ...

getIssues : (Result Http.Error (List Issue) -> msg) -> String -> String -> Cmd msg
getIssues toMsg userName projectName =
    ...
```

GitHubの使い勝手を今度はMain側から見てみましょう。

SAMPLE CODE 4_7_navigation-github/src-v2/Main.elm

```
import GitHub exposing (Issue, Repo)

...

goTo : Maybe Route -> Model -> ( Model, Cmd Msg )
goTo maybeRoute model =
    case maybeRoute of
        ...

        Just (Route.User userName) ->
            ( model
            , GitHub.getRepos
                (Result.map UserPage >> Loaded)
```

```
            userName
        )
```

今度のコードには具体的なURLもデコーダーも出てきません。スッキリしましたね!

この先どうする?

この先、このアプリケーションはどのように成長していくでしょうか?　おそらくですが、`TopPage`、`UserPage`、`RepoPage` それぞれに何かそのページ固有のロジックが積まれていくことになるでしょう。このままMainにダラダラと書いていくのはしんどいので、何らかの方法で分割が必要になるでしょう。詳しくは《SPAを設計する》(p.241)でじっくり見ていくことにします。

COLUMN　適切なまとまりでモジュール化する

先ほどの例では、まずMainを膨らませるだけ膨らませて、後からGitHubモジュールを分割するという方法をとりました。もっと早いタイミングで分けられそうなものですが、ギリギリまでモジュールを分割しなかったのはなぜでしょうか?　それは、将来を見越して適切なモジュール分割をするのは難しいですし、何より無駄が多いからです。

このことついてはEvan Czaplicki氏が2017年パリで行われたカンファレンスのトークで説明しています。

- Elm Europe 2017 - Evan Czaplicki - The life of a file
  URL https://www.youtube.com/watch?v=XpDsk374LDE

小さいアプリケーションでは「分けない」のが一番シンプルです。では、いったいどのタイミングで分ければよいのでしょう?　100行でしょうか?　500行でしょうか?　先に焦って分けてしまうと、予想とは全然違う未来に進んでいって抽象化の誤りに気づくことでしょう。まずは1000行、2000行と書いてみて、どういう構造になっていくかを観察しましょう。そして「ここは意味がひとまとまりになっていそうだ」というところを見つけたらそこをモジュールに切り出します。

必要以上にファイルの肥大化を恐れる必要はありません。Elmは強力な型システムのおかげでリファクタリングはかなり安全にできるので、適切な抽象化の方針が固まるまで待ってみるというのは有効な方法です。

COLUMN **MODEL、UPDATE、VIEWでモジュールを分けてはいけない**

1つ前の話と関連しますが、MODEL、VIEW、UPDATEをそれぞれモジュールを分けるのはおすすめしません。これはElmではよくあるアンチパターンのようです。

筆者もいくつかのプロジェクトで何も考えずにModel、Update、View、Msgのように分けました。その結果どうなったでしょうか？　ModelとMsgはただデータが置いてあるだけで、モジュールとしての機能を何も持っていません。ViewはModelとMsgを、UpdateはMsgをインポートする必要があります。Modelにも何か機能を持たせようと思って後からロジックを乗せましたが、Updateとの住み分けをどうするかという無駄な悩みは尽きませんでした。

つまり、これらは協調して動作するものですからバラバラにしてもほとんど意味がないのです!

SECTION-034

ビルドの最適化

Webプロジェクトでは、ページに読み込むファイルのサイズをなるべく小さくするのが重要です。ここではElmのビルドオプションとツールを使って、ファイルサイズを最小化する方法を紹介します。

--optimize

`elm make` の `--optimize` フラグはElm 0.19から導入された最適化のためのオプションです。コンパイル後のファイルサイズを小さく、また実行速度を上げるための最適化を行います。

▶関数単位のデッドコード除去

`--optimize` の説明に入る前に朗報があります。Elmは0.19から**デフォルトでデッドコードの除去(DCE = dead code elimination)を行います**。ライブラリの豊富な関数の中から、実際に使った「関数」のみがアウトプットに含まれるということです。この機能は `--optimize` をつけなくても最初から有効です!

▶レコードのフィールド名の変更

`--optimize` が行うことの1つはレコードの名前の変更です。コード上でどんなに長いフィールド名 `student.mostRecentGrade` であっても `student.m` のような短い変数名に変更します。JavaScriptでこれを行うのは困難です。なぜなら、`student['mostRecent' + info]` のように動的にフィールド名を書き換えることが自由にできるからです。

同様に、カスタム型のコンストラクタも短い名前に変更されます。特に、不要なコンストラクタを除去することにも触れる必要があるでしょう。

次の例は、コンストラクタを使って内部に保持している値へのアクセスを禁止するある種のデザインパターンです。

```
type MyType = MyConstructor String

fromName : String -> MyType
fromName name = MyConstructor name

toName : MyType -> String
toName (MyConstructor name) = name
```

この `MyConstructor` のようなコンストラクタは堅牢性のためにはいくらか役に立ちますが、実行時の挙動にはまったく意味のない値です。そのため、あたかも最初から何もなかったかのようにコンパイル時に変換することができます。

▶ Debugモジュールの禁止

`--optimize` を使うための条件は「Debugモジュールを一切、使わないこと」です。たとえば、`Debug.toString` はデバッグのためにレコードやコンストラクタの名前を文字列に変換します。ところがこの文字列が `--optimize` によって変わってしまうと、「開発時と本番時で出てくる文字列が違う」といった不慮のトラブルに遭遇しかねません。

また、`--optimize` できないパッケージは公開できないという制約があります。つまり、すべてのパッケージは最初から `--optimize` できることが保証されているということです。ライブラリ作者の視点からすると厳しいように思えますが、使用者の立場からするとうれしい仕組みです!

UglifyJSでさらに最小化する

`--optimize` は素晴らしい機能ですが、よく知られた「最小化」は行わず、あくまで面倒を見てくれるのはレコードの名前の変更といった最適化だけです。出力されたJavaScriptのサイズをさらに最小化するには、UglifyJSという有名なライブラリの手を借りましょう。

UglifyJSはnpmでインストール（`npm install uglify-js --global`）することができます。

下記は `--optimize` で生成した `elm.js` をさらに小さくした `elm.min.js` をUglifyJSで作成しています。

```
$ elm make src/Main.elm --optimize --output=elm.js
$ uglifyjs elm.js --compress 'pure_funcs="F2,F3,F4,F5,F6,F7,F8,F9,A2,A3,A4,A5,A6\
> ,A7,A8,A9",pure_getters,keep_fargs=false,unsafe_comps,unsafe' | uglifyjs \
> --mangle --output=elm.min.js
```

また、次のようなshellスクリプトを用意しておくと便利かもしれません。

```
#!/bin/sh

set -e

js="elm.js"
min="elm.min.js"

elm make --optimize --output=$js $@

uglifyjs $js --compress 'pure_funcs="F2,F3,F4,F5,F6,F7,F8,F9,A2,A3,A4,A5,A6,A7\
,A8,A9",pure_getters,keep_fargs=false,unsafe_comps,unsafe' | uglifyjs --mangle \
--output=$min

echo "Initial size: $(cat $js | wc -c) bytes  ($js)"
echo "Minified size:$(cat $min | wc -c) bytes  ($min)"
echo "Gzipped size: $(cat $min | gzip -c | wc -c) bytes"
```

本番環境の静的ファイルサーバー上でJavaScriptファイルを配信する際にはGzip圧縮をすることになるでしょう。最後の行は、実際に配信する際にどのくらいのサイズになるかを計算して表示します。この方法は公式ページでも紹介されています。

URL https://elm-lang.org/0.19.0/optimize

```
$ sh minify.sh src/Hello.elm
Success! Compiled 1 module.
Initial size:    87280 bytes  (elm.js)
Minified size:    6826 bytes  (elm.min.js)
Gzipped size:     2811 bytes
```

公式の提供ではありませんが、`elm-minify` というNode.jsのライブラリが同じことをしてくれます。Node.jsのライブラリであれば、Windows環境でも動くので便利ですね!

CHAPTER 05

設計パターン

ここでは、Elmでよく見る設計のパターンを紹介していきます。特に規模が大きくなったときにここで紹介したことはきっと役に立つはずです。

この章で説明することは、いつでもどこでも通用するものではないことに注意してください。あるパターンがその使いやすいかどうかはプロジェクトによって違いますし、設計手法にもトレンドがあるからです。もし「こういう場合はどうしよう」という問題が出てきてしまったらコミュニティにも相談してみましょう。きっとベストな方法を教えてくれるはずです!

ビューを再利用する

Elmで最も一般的なパターンは、ビューを再利用することです。

ラベルつきのチェックボックス

次の例は、ラベルのついたチェックボックスを3つ並べたビューです。まずは愚直に書いた場合です。

```
view : Model -> Html Msg
view model =
    fieldset []
        [ label []
            [ input [ type_ "checkbox", onClick ToggleNotifications ] []
            , text "Email Notifications"
            ]
        , label []
            [ input [ type_ "checkbox", onClick ToggleAutoplay ] []
            , text "Video Autoplay"
            ]
        , label []
            [ input [ type_ "checkbox", onClick ToggleLocation ] []
            , text "Use Location"
            ]
        ]
```

見ての通り、同じコードが何度も繰り返されています。ラベルとチェックボックスは常にペアで使っているようですから、これを共通化してしまいましょう。

```
view : Model -> Html Msg
view model =
    fieldset []
        [ checkbox ToggleNotifications "Email Notifications"
        , checkbox ToggleAutoplay "Video Autoplay"
        , checkbox ToggleLocation "Use Location"
        ]

checkbox : Msg -> String -> Html Msg
checkbox msg name =
    label []
        [ input [ type_ "checkbox", onClick msg ] []
        , text name
        ]
```

共通部分を `checkbox` という関数にしました。JavaScriptのフレームワークでよく「コンポーネント」といっているものに近いですね。Elmの場合は特別な仕組みを使わず、ただ関数を使って共通化するだけです。

再利用のためにモジュールを作る

さらにアプリケーションが大きくなると、同じ `checkbox` 関数を他の画面でも使いたくなってきます。そこで、モジュールを作って複数の画面で再利用可能にしましょう。

ここでは、`Checkbox` という名前のモジュールにします。

```
module Checkbox exposing (view)


import Html exposing (..)
import Html.Attributes exposing (..)
import Html.Events exposing (..)


view : msg -> String -> Html msg
view msg name =
    label []
        [ input [ type_ "checkbox", onClick msg ] []
        , text name
        ]
```

先ほどの例からの変更点として、メッセージの型を `Msg` の代わりに `msg` 、つまり型変数にしています。Checkboxモジュールは再利用されることを前提に作られているため、あらゆる型のメッセージに対応させる必要があるからです。

一方、`Main.elm` はリファクタリングによって次のようになります。

```
import Html exposing (..)
import Checkbox



main : Html () Model Msg
main =
    Browser.sandbox
        { init = init
        , update = update
        , view = view
        }



type alias Model =
    -- それぞれのチェックの状態
    { notifications : Bool
    , autoPlay : Bool
    , location : Bool
```

```
    }


init : Model
init =
    Model False False False


type Msg
    -- それぞれのチェックボックスがクリックされたときのメッセージ
    = ToggleNotifications
    | ToggleAutoplay
    | ToggleLocation


update : Msg -> Model -> Model
update msg model =
    -- それぞれのメッセージに対応する状態を更新する
    case msg of
        ToggleNotifications ->
            { model | notifications = not model.notifications }

        ToggleAutoplay ->
            { model | autoPlay = not model.autoPlay }

        ToggleLocation ->
            { model | location = not model.location }


view : Model -> Html Msg
view model =
    fieldset []
        -- それぞれビューを作る
        [ Checkbox.view ToggleNotifications "Email Notifications"
        , Checkbox.view ToggleAutoplay "Video Autoplay"
        , Checkbox.view ToggleLocation "Use Location"
        ]
```

HTMLをはめ込むパターン

レイアウトや装飾部分だけを共通化したいことがよくあります。そのようなときは、中身の部分を `Html msg` で受け取るようにしましょう。

```
{-| カードの見た目でコンテンツを表示する
-}
card : Html msg -> Html msg
card content =
    div [ class "card" ]
        [ div
            [ class "card-body" ]
            [ content ]
        ]

{-| 使用例
-}
view : Model -> Html Msg
view model =
    card <|
        p [] [ text "I'm in the card!" ]
```

多数のオプションを必要とするパターン

複雑な関数を作ると、引数がどんどん増えて見にくくなってしまいます。

```
viewIcon : String -> Bool -> Bool -> String -> Html msg
viewIcon color large spinning name =
    ...

view : Html msg
view =
    div [] [ viewIcon "red" True False "pencil" ]
```

そのようなときは、オプションを専用のレコードにまとめるとわかりやすくなります。無理せず積極的に名前をつけましょう!

```
type alias Options =
    { color : String
    , large : Bool
    , spinning : Bool
    , name : String
    }

viewIcon : Options -> String -> Html msg
viewIcon { color, large, spinning, name } =
    ...
```

```
view : Html msg
view =
    div []
        [ viewIcon
            { color = "red"
            , large = True
            , spinning = False
            , name = "pencil"
            }
        ]
```

デフォルトのオプションを用意する

上記の例のままでも悪くはありませんが、使う側からすると少し面倒かもしれません。デフォルト値を用意してあげると少し楽になるでしょう。

```
{-| デフォルトオプション -}
defaultOptions : Option
defaultOptions =
    { color = Nothing
    , large = False
    , spinning = False
    }

viewIcon : Options -> String -> Html msg
viewIcon options name =
    ...

view : Html msg
view =
    div []
        [ viewIcon
            { defaultOptions
                | color = Just "red"
                , large = True
            }
            "pencil"
        ]
```

オプションをパイプラインで作れるようにする

最後に、オプションをパイプラインで作る方法です。うまく作れば次のようにして必要なプロパティを流れるように書くことができます。

```
icon "pencil"
    |> color "red"
    |> large
    |> view
```

これを実現するためのコードは次のようになります。

```
{-| デフォルトオプション -}
icon : String -> Icon
icon name =
    { color = Nothing
    , large = False
    , spinning = False
    , name = name
    }

{-| 色を追加(以下同様) -}
color : String -> Icon -> Icon
color color icon =
    { icon | color = Just color }

large : Icon -> Icon
large =
    { icon | large = True }

spinning : Icon -> Icon
spinning =
    { icon | spinning = True }
```

パイプラインを作るのに慣れないときは、最後の2つの型に注目してください。

```
color : String -> Icon -> Icon
                  from     to
```

COLUMN 変化するベストプラクティス

設計のベストプラクティスは時とともに移り変わっていきます。昔「最高の方法だ」といわれていたものが、今は「アンチパターンだ」といわれていることすらあります。

Elmはもともと「FRP(Functional Reactive Programing = 関数型リアクティブプログラミング)という手法がGUIを構築するのに最適だ」という仮説を持って取り組んでいました。

しかし、実際にプログラムを作っていくと、MODEL、UPDATE、VIEWという3つに分けると作りやすいということがわかりました。これが今のElmアーキテクチャにつながっていきます。一方で、それまでFRPの中心的であったSignalという概念はElmアーキテクチャの登場によって脇役に追いやられてしまいました。

そしてElm 0.17でついにFRPと決別することになったのです(もちろん、Elmが採用をやめたという話であって、FRP自体は今も主要なプログラミングの概念です)。

- A Farewell to FRP

  URL https://elm-lang.org/blog/farewell-to-frp

その後、Elmアーキテクチャ自体も変化しています。初期のElmアーキテクチャは「ネストしたコンポーネントをきれいに扱う」のが売りでした。しかし、時を経るごとにこれはアンチパターンと見なされるようになってきました。何でもかんでもネストさせた結果、無駄に設計を複雑にさせてしまう人が増えたからです。

その様子を見ていたEvanは、後にElmアーキテクチャの説明の中からネストに関する項目を「良くないことがわかった」というコメントとともにごっそり削除してしまいました。

そういうわけで、今はベストプラクティスといわれている方法も今後、変化していく可能性がありますが、今は今のベストプラクティスを享受しておきましょう。

UIの状態を管理する

Elmのビューは純粋な関数です。しかし、もしJavaScriptで馴染みの深いいわゆる「コンポーネント」を作ろうとすると、「UIの状態をどこで管理すればいいのか?」という疑問に突き当たることでしょう。

先に結論を言ってしまうと、**まず「UIが状態を持っている」という発想を捨てる必要があります**。「すべての状態はModelにあって、ビューはそれを書くだけ」というシンプルな方法が最もトラブルが少なくて済みます。

ここでは、例を挙げながらElmでUIの状態を扱う方法について考察します。

ビューが状態を持つことに関する議論

JavaScriptのフレームワークではコンポーネントに状態を持つことができます。たとえば、Reactでは状態を持ったカウンターを次のようにして作ることができます。

```
class Counter extends React.Component {
  constructor() {
    // Counter が持っている局所的な状態
    this.state = {
      count: 0
    };
  }
  increment() {
    // カウンター自身が持つ状態(数値)を更新する
    this.setState({
      count: this.state.count + 1
    });
  }
  render() {
    return (
      <div>
        <h1>{this.state.count}</h1>
        <button onClick={this.increment.bind(this)}>Increment</button>
      </div>
    );
  }
}
```

一見すると便利そうですが、すぐに問題になります。もし、このカウンターを3つ並べて別の場所に合計値を表示するとしたら、どうすればよいでしょうか?

ここで悪いアイデアは、それぞれの値と合計値を別々に管理することです。それをすると、カウンターの値が1つ更新されたら合計値を一緒に更新して同期する必要が出てきます。

一般的に、1つのデータを2つ以上の場所で管理するのはバグのもとですから避けるべきでしょう(Single Source of Truthなどといわれます)。

もし、カウンターの値がコンポーネントの「外」で管理されていたならば、話はもっとシンプルです。

```
<div class="counter-list">
  <Counter value={value1} />
  <Counter value={value2} />
  <Counter value={value3} />
  <div>合計: {value1 + value2 + value3}</div>
</div>
```

今度のカウンターは状態を持ちません。シンプルに外から渡された値を表示するだけです。このようにすべてのデータをビューの外に持っておけば、それらが必要になったときにコンポーネントから引っ張り出す必要はなくなり、全体の設計も非常にシンプルでわかりやすくなります。

ここで得られた知見は**「ビューはデータを管理する場所ではない」**ということです。つい「まず数値を持ったカウンターコンポーネントを用意して……」と考えてしまいがちですが、データを分散して管理するとアプリケーションはどんどん複雑になってしまいます。データは中央で一括管理して、ビューはシンプルにそれを表示するのが最も安全です。

UIの状態管理

Elmのビューは純粋な関数であるため、Reactのコンポーネントのように状態を持たせることがそもそもできません。それではUI自体の状態、たとえばドロップダウンメニューの開閉、ドラッグ中のオブジェクトの位置、ページ番号、スクロール位置などの情報はElmでどう扱えばよいでしょうか?

結論から言うと、それも同じです。他のデータと一緒に `Model` の中で管理しましょう。

```
type alias Model =
    { user : User
    , articles : List Article
    -- スクロール位置
    , scrollPosition : Int
    -- メニューの表示状態
    , showMenu : Bool
    }
```

「何でもごちゃ混ぜにするのは気持ち悪い」という懸念が聞こえて来そうですが、一緒の場所に値を置くこと自体には問題はありません。ただ一点、問題になる可能性があるとすれば、ビューに特有の詳細なロジックが外に漏れ出ることでしょう。

例として「並べ替え可能なテーブル(SortableTable)」を使うことを考えてみます。

```
module Main exposing (main)

import SortableTable

type alias Model =
    { books : List String
    , sortColumn : Maybe String -- 並び替える列
    , reversed : Bool           -- 逆順にするかどうか
    }

type Msg =
    ClickColumn

update : Msg -> Model -> Model
update msg model =
    case msg of
        ClickColumn columnName ->
            -- クリックされたら並び替え中の列を変え、もう一度クリックされたら逆順にする
            { model
                | sortColumn = columnName
                , reversed =
                    if model.sortColumn == columnName then
                        not model.reversed

                    else
                        False
            }


view : Model -> Html
view model =
    -- 描画のための関数を呼ぶ
    SortableTable.view
        { onClickColumn = ClickColumn
        , sortColumn = model.sortColumn
        , reversed = model.reversed
        }
        model.books
```

確かに `SortableTable.view` を使えばテーブルを描画してくれます。しかし、クリックしたときの並べ替えのロジックは自分で書かなくてはいけません。
テーブルを利用する側がテーブルの内部の状態をすべて管理するのはあまり良い方法とはいえません。

Ⅲ 並べ替え可能なテーブル(SortableTable)を改善する(第1案)

さて、ここからは上記の問題をうまく解決する方法を紹介するのですが、**くれぐれもこのパターンを多用しないでください。**かつてElmアーキテクチャといえば「コンポーネントを作るための方法」でした。しかし、当時のElmユーザーは「アプリケーションの上から下まですべてがコンポーネント」のように捉えてこのパターンを使いすぎてしまい、必要以上にコードを複雑化させる人が続出しました。そのため、今ではアンチパターンと見なされているほどです。実際に使わなくてもほぼまったく問題になりませんから、《**ビューを再利用する**》(p.226)で紹介した単純な関数でビューを共通化する方法を好んで使うようにしてください。

話を戻すと、前の例ではSortableTableの状態や詳細なロジックがすべてMainに露出していたのでした。今度はそれらをすべてSortableTableモジュールの中に入れてしまいましょう。

SAMPLE CODE 5_2_sortable_table/src/SortableTable.elm

```
module SortableTable exposing (Model, Msg, init, update, view)


{-| テーブルの状態 -}
type alias Model =
    { sortColumn : Maybe String
    , reversed : Bool
    }


{-| テーブルの状態を更新するメッセージ -}
type Msg
    = ClickColumn String


{-| テーブルの状態を初期化する -}
init : Model
init =
    Model Nothing False


{-| テーブルの状態を更新する -}
update : Msg -> Model -> Model
update msg model =
    case msg of
        ClickColumn columnName ->
            { model
                | sortColumn = columnName
                , reversed =
                    if model.sortColumn == columnName then
                        not model.reversed

                    else
                        False
            }


{-| テーブルを描画する -}
```

```
view : Model -> List String -> Html Msg
view model items =
    ...
```

興味深いことに、SortableTableモジュールにもMainと同じMODEL、UPDATE、VIEWというパターンが現れている点です。ちょうどElmアーキテクチャがMainとSortableTableで入れ子になった形です。

ただし、VIEWだけはちょっと違います。 `view` 関数はUIの状態（ `Model` ）と外部から与えられるデータ（ `List String` ）の両方を受け取っています。テーブルに表示するデータを `Model` に含めなかったのがポイントです。もしそうすると、先ほど説明した「ビューがデータを管理する」構造をElmでも再現してしまいます。データを管理しているのはあくまでMainです。

このモジュールをどうやって利用するかは、次のMainを見てください。

SAMPLE CODE 5_2_sortable_table/src/Main.elm

```
module Main exposing (main)


import SortableTable


type alias Model =
    { books : List String
    -- SortableTable の状態
    , tableState : SortableTable.Model
    }

-- SortableTable のメッセージをネストする
type Msg =
    UpdateTable SortableTable.Msg


update : Msg -> Model -> Model
update msg model =
    case msg of
        UpdateTable tableMsg ->
            { model
                -- テーブルの状態を更新する
                | tableState =
                    SortableTable.update tableMsg SortableTable.tableState
            }


view : Model -> Html Msg
view model =
    Html.map UpdateTable <|
        SortableTable.view model.tableState model.books
```

ここで、MainとSortableTableはちょうど親子のような関係になっています。子どもであるSortableTableから発せられたメッセージは `UpdateTable` にラップされて親のメッセージになります。

一方、`update` 関数でメッセージを受け取ったら、その中から子どものメッセージを取り出し、子どもの状態を `SortableTable.update` で更新します。

先ほどの例と比べると、`sortColumn` や `reversed` といった詳細な情報がSortableTableモジュール内にちゃんと隠れているのがわかります。このことによるメリットは、Main側が機能追加や修正の影響を受けないことです。

試しに「列の順番を変える」ような機能追加を想定してみましょう。

```
type alias Model =
    { sortColumn : Maybe String
    , reversed : Bool
+   , columns: List String
    }

type Msg
    = ClickColumn String
+   | SwapColumns String String
```

SortableTableモジュールの内部が更新されるだけで、Main側は平穏無事です。

並べ替え可能なテーブル(SortableTable)を改善する(第2案)

第1案のままでも構いませんが、使う側として少々面倒かもしれない点としては、`update` 関数で子どもの `SortableTable.update` を明示的に呼ばなければならないことと、`view` 関数で、子どものメッセージをラップする必要があることです。

次のバージョンは、第1案よりも `update` を楽にかけるように改良したものです。

```
module Main exposing (main)

import SortableTable

type alias Model =
    { books : List String
    , tableState : SortableTable.State
    }

type Msg =
    UpdateTable SortableTable.State


update : Msg -> Model -> Model
update msg model =
    case msg of
        UpdateTable tableState ->
            { model
                -- イベント発生時に状態がすでに更新されており、
                -- ここではそれを Model に置き直すだけ。
```

```
                | tableState = tableState
            }

view : Model -> Html
view model =
    SortableTable.view UpdateTable model.tableState model.books
```

工夫した点としては、tableStateの更新をメッセージを投げる前に行ったということです。SortableTableの中では次のようなことが行われています。

```
view : (Model -> msg) -> Model -> List String -> Html msg
view toMsg model items =
    Html.map (\msg -> toMsg (update msg model)) <|
        viewHelp model items

viewHelp : Model -> List String -> Html Msg
viewHelp model items =
    ...
```

使う側としては簡単になりましたが、内部は多少複雑ですね。シンプルさを好む場合は第1案でいいかもしれません。

状態を完全に隠蔽する

もっと凝った設計も紹介しましょう。先ほどの例では `SortableTable.Model` はただの `type alias` でした。しかし、次のようにカスタム型にしてみたらどうでしょうか。

```
module SortableTable exposing (Model, ...)

type Model = -- この Model は型名
    Model Internal -- この Model はコンストラクタ

type alias Internal =
    { sortColumn : Maybe String
    , reversed : Bool
    }
```

2つの `Model` は紛らわしいので別々の名前にしてもまったく構いませんが、よくこのような書き方をします。

ここでのポイントは、型の名前である `Model` は公開していますが、それをパターンマッチするためのコンストラクタは公開していないということです（もしすべてを公開するならば `exposing (Model(..), ...)` のように書くでしょう）。つまり、`Internal` を更新することができるのは、このSortableTableモジュールだけということです。

何がうれしいのでしょうか？　たとえば、ソートする列を1つではなく、直近にクリックされた列をいくつか覚えているような仕様にしたとします。

```
 type alias Internal =
-    { sortColumn : Maybe String
+    { sortColumn : List String
     , reversed : Bool
     }
```

このとき、`sortColumn` フィールドには破壊的な変更が入っています。しかし、外部でこのフィールドを使用していないという保証があれば気兼ねなく変更できます。この設計にする場合、`update` や `view` はそれぞれ次のように引数を書き換える必要があります。

```
update : Msg -> Model -> Model
update msg (Model internal) =
    ...
```

ちなみに、この `Model` というコンストラクタは `--optimize` フラグによってコンパイル時に消去されます(《ビルドの最適化》(p.221)を参照)。

SPAを設計する

《実践3：ナビゲーションとテスト》(p.207)ではBrowser.applocationを使ってSPAの原型を作りました。この時点では、すべてのページの初期化や描画はMain.elmで行われています。これからどんどんアプリケーションが大きくなっていくと、Main.elmが肥大化していくのは目に見えています。どうすればよいでしょうか?

ここでは、ページを複数に分ける方法について考えていきます。なお、例は《実践3：ナビゲーションとテスト》(p.207)の続きを使用するので、`Main.elm` がどうなっていたかを確認しておいてください。

ページごとにモジュール化する

一般的な方法として、1ページを1モジュールに分割するのが最も管理しやすいでしょう。

- Page.Top
- Page.User
- Page.Repo

そして、それぞれのページに小さなElmアーキテクチャを作ります。これは前節でSortable Tableモジュール内にElmアーキテクチャを作った方法と同じです。先ほどは散々警告しましたが、ページごとにモジュール化するのは設計として非常にわかりやすいため、この場合に関してはメリットが上回るということです。

試しに `Page.Repo` を実装してみましょう。次のような具合です。

SAMPLE CODE 5_3_spa/src/Page/Repo.elm

```
module Page.Repo exposing (Model, Msg, init, update, view)


import GitHub exposing (Issue, Repo)
import Html exposing (..)
import Html.Attributes exposing (..)
import Http




-- MODEL


type alias Model =
    { userName : String
    , projectName : String
    , state : State
    }
```

```
type State
    = Init
    | Loaded (List Issue)
    | Error Http.Error


init : String -> String -> ( Model, Cmd Msg )
init userName projectName =
    -- ページの初期化
    -- 最初の Model を作ると同時に、ページの表示に必要なデータを HTTP で取得します
    ( Model userName projectName Init
    , GitHub.getIssues
        GotIssues
        userName
        projectName
    )



-- UPDATE


type Msg
    = GotIssues (Result Http.Error (List Issue))


update : Msg -> Model -> ( Model, Cmd Msg )
update msg model =
    -- `init` での HTTP リクエストの結果が得られたら Model を更新します
    case msg of
        GotIssues (Ok issues) ->
            ( { model | state = Loaded issues }, Cmd.none )

        GotIssues (Err err) ->
            ( { model | state = Error err }, Cmd.none )



-- VIEW


view : Model -> Html Msg
view model =
    case model.state of
        Init ->
```

```
            text "Loading..."

        Loaded issues ->
            ul [] (List.map (viewIssue model.userName model.projectName) issues)

        Error e ->
            text (Debug.toString e)


viewIssue : String -> String -> Issue -> Html Msg
viewIssue userName projectName issue =
    li []
        [ span [] [ text ("[" ++ issue.state ++ "]") ]
        , a
            [ href (GitHub.issueUrl userName projectName issue.number)
            , target "_blank"
            ]
            [ text ("#" ++ String.fromInt issue.number), text issue.title ]
        ]
```

見ての通り、お馴染みのElmアーキテクチャに則っています。`init`でページの`Model`を初期化し、同時にHTTPリクエストでデータ(ここではIssueのリスト)を取得します。取得したら、`update`に`Msg`が渡されるので、成功時と失敗時それぞれの処理を行います。

下記は、このPage.Repoモジュールを`Main.elm`から呼び出している箇所です。

SAMPLE CODE 5_3_spa/src/Main.elm

```
-- MODEL


type alias Model =
    { key : Nav.Key
    , page : Page
    }



type Page
    = NotFound
    -- 各ページの Model を持たせる
    | TopPage Page.Top.Model
    | UserPage Page.User.Model
    | RepoPage Page.Repo.Model



-- UPDATE
```

```
type Msg
    = LinkClicked Browser.UrlRequest
    | UrlChanged Url.Url
    -- 各ページの Msg を持たせる
    | TopMsg Page.Top.Msg
    | RepoMsg Page.Repo.Msg
    | UserMsg Page.User.Msg


update : Msg -> Model -> ( Model, Cmd Msg )
update msg model =
    case msg of

        ...

        -- Repo ページのメッセージが来たとき
        RepoMsg repoMsg ->
            -- 現在表示しているページが
            case model.page of
                -- RepoPage であれば
                RepoPage repoModel ->
                    -- Repo ページの update 処理を行います
                    let
                        ( newRepoModel, topCmd ) =
                            Page.Repo.update repoMsg repoModel
                    in
                    ( { model | page = RepoPage newRepoModel }
                    , Cmd.map RepoMsg topCmd
                    )

                _ ->
                    ( model, Cmd.none )


goTo : Maybe Route -> Model -> ( Model, Cmd Msg )
goTo maybeRoute model =
    case maybeRoute of

        ...

        Just (Route.Repo userName projectName) ->
            -- Repo ページの初期化
            let
                ( repoModel, repoCmd ) =
                    Page.Repo.init userName projectName
            in
            ( { model | page = RepoPage repoModel }
```

```
            , Cmd.map RepoMsg repoCmd
            )


-- VIEW


view : Model -> Browser.Document Msg
view model =
    { title = "My GitHub Viewer"
    , body =
        [ a [ href "/" ] [ h1 [] [ text "My GitHub Viewer" ] ]
        -- 現在表示しているページが
        , case model.page of

            ...

            -- RepoPage であれば
            RepoPage repoPageModel ->
                -- Repo ページの view 関数を呼ぶ
                Page.Repo.view repoPageModel
                    |> Html.map RepoMsg
        ]
    }
```

URLが更新されたらまず、`goTo`でページを初期化します。ページのモデルとコマンド(`Page.Repo.Model`と`Cmd Page.Repo.Msg`)は、それぞれMainのモデルとコマンドの型(`Main.Model`と`Cmd Main.Msg`)に変換するためにコンストラクタをつけています。

`update`が呼ばれたときは、Repoページのメッセージが来たとき、現在表示しているのがRepoページであれば、Repoページの`update`を呼び出します。ここでもモデルとコマンドをMain用に変換しているのは同じです。

`view`でもやはり表示中のページに応じて場合分けして、Repoページであればその`view`関数を呼ぶようにしています。

最後に、同じことをTopページとUserページにも行えば完了です!

各ページはElmアーキテクチャをいつものように実装すればいいことがわかりました。

COLUMN ボイラープレートについて

ところで、Main側に多少退屈な手続きがあるのが気になるかもしれません。これはページを1つ追加するたびに必要になるボイラープレート(決まり切った鉄板の処理)です。これらの処理はヘルパー関数を使って多少簡略化することはできるものの、根本的にコード量をゼロにすることはできません。

しかし、筆者の経験からすると実際には思ったほどにはつらさを感じません。というのは、これを書くのは各ページを追加したときの最初の1回だけですが、実際の開発ではページの中身をいじっている時間がほとんどだからです。たとえば、トップページにユーザー名を検索する機能をつけることを考えてみましょう。手を入れるのはPage.Topモジュールだけで、そのときボイラープレートのことは一切、忘れているはずです。

筆者の意見としては、あまり共通化を頑張って消耗するよりは甘んじて受け入れた方が結果的に楽かと思います。

package.elm-lang.orgのコードを読む

SPAと一言に言っても設計の方法は一通りではありません。迷ったときは先人の知恵を借りましょう。幸運なことに、Elmのパッケージサイトが SPAのサンプルになっており、GitHubでコードを読むことができます。

URL https://github.com/elm/package.elm-lang.org

書いているのはEvan Czaplicki氏本人なので、おそらくElmの最新の知恵がここに凝集されているはずです。ここでは、いくつかあるページのうち特に `Page/Docs.elm` に注目して何をしているのかを追っていきましょう。

▶ MODEL

まずはモデル(MODEL)です。

```
type alias Model =
  { session : Session.Data
  , author : String
  , project : String
  , version : Maybe V.Version
  , focus : Focus
  , query : String
  , latest : Status V.Version
  , readme : Status String
  , docs : Status (List Docs.Module)
  }

type Status a
  = Failure
```

```
  | Loading
  | Success a
```

まず目を引くのは `session : Session.Data` です。セッションということは、ページをまたぐデータのことをいっているのでしょう(このサイトは閲覧専用のため、少なくともcookieのようにユーザーの行動を追跡する仕組みではないはずです)。

また、`Status a` という興味深い型も定義されています。

ここでは `latest` 、`readme` 、`docs` の3つのデータをHTTPで並行に問い合わせて、それぞれの進捗を管理しているようです。

▶ INIT

次に、ページの初期化部分です。

```
init : Session.Data -> String -> String -> Maybe V.Version -> Focus -> ( Model, Cmd Msg )
init session author project version focus =
  -- Session からデータ取得を試みる
  case Session.getReleases session author project of
    -- データ(release)を持っていた場合
    Just releases ->
      let
        latest = Release.getLatest releases
      in
      getInfo latest <|
        Model session author project version focus "" (Success latest) Loading Loading

    -- 持っていなかった場合
    Nothing ->
      ( Model session author project version focus "" Loading Loading Loading
      -- サーバーからデータを取得する
      , Http.send GotReleases (Session.fetchReleases author project)
      )
```

ここでは `Session.getReleases` の結果を受け取り、すでにデータがあればそれを取得し、なければHTTPで取ってくるということをしています。言い換えると `Session.Data` に一度取得したデータをキャッシュしているということのようです。

▶ UPDATE

HTTPで情報を取得したら、今度は `Session.addReleases` でセッションにデータをキャッシュしています。

```
update : Msg -> Model -> ( Model, Cmd Msg )
update msg model =
  case msg of

    ...
```

```
    GotReleases result ->
      case result of

        ...

        Ok releases ->
          let
            latest = Release.getLatest releases
          in
          getInfo latest
            { model
                | latest = Success latest
                -- セッションにデータをキャッシュ
                , session =
                    Session.addReleases model.author model.project releases model.session
            }
```

一応、`Session.Data`の中身も確認しておきましょう。

```
type alias Data =
  { entries : Maybe (List Entry.Entry)
  , releases : Dict.Dict String (OneOrMore Release.Release)
  , readmes : Dict.Dict String String
  , docs : Dict.Dict String (List Docs.Module)
  }
```

やはりセッションの中身は一度取得したデータの置き場所になっているようです。

▶VIEW

最後に、ビュー(VIEW)です。

```
view : Model -> Skeleton.Details Msg
view model =
  { title = toTitle model
  , header = toHeader model
  , warning = toWarning model
  , attrs = []
  , kids =
      [ viewContent model
      , viewSidebar model
      ]
  }
```

返しているのが`Html Msg`ではなく`Skeleton.Details Msg`なのが興味深いところです。ページを丸ごと描画させるのではなく、各パーツを作った後にテンプレートに当てはめるということのようです。これは最終的に`Skeleton.view`関数の中で`Html msg`に変換されています。

```
view : (a -> msg) -> Details a -> Browser.Document msg
view toMsg details =
  { title =
      details.title
  , body =
      [ viewHeader details.header
      , lazy viewWarning details.warning
      , Html.map toMsg <|
          div (class "center" :: details.attrs) details.kids
      , viewFooter
      ]
  }
```

ページごとにタイトルを変えているのもポイントです。

▶ セッションの受け渡し

気になるのは、セッションをどうやって前のページから次のページに引き継いでいるかです。それはMainに書いてあります。

```
-- モデルからセッションを取り出す
exit : Model -> Session.Data
exit model =
  case model.page of
    NotFound session -> session
    Search m -> m.session
    Docs m -> m.session
    Diff m -> m.session
    Help m -> m.session

-- URL をもとに次のページに遷移する
stepUrl : Url.Url -> Model -> (Model, Cmd Msg)
stepUrl url model =
  let
    -- 前のページからセッションを取得
    session =
      exit model

    -- URL パーサー
    -- 次のページの初期化時にセッションを渡す
    parser =
      oneOf
        [ route top
            ( stepSearch model (Search.init session)
            )
        , route (s "packages" </> author_ </> project_)
            (\author project ->
                stepDiff model (Diff.init session author project)
```

```
            )
        , route (s "packages" </> author_ </> project_ </> version_ </> focus_)
            (\author project version focus ->
                stepDocs model (Docs.init session author project version focus)
            )
        , route (s "help" </> s "design-guidelines")
            (stepHelp model
                (Help.init session
                    "Design Guidelines"
                    "/assets/help/design-guidelines.md"
                )
            )
        , route (s "help" </> s "documentation-format")
            (stepHelp model
                (Help.init session
                    "Documentation Format"
                    "/assets/help/documentation-format.md"
                )
            )
        ]
  in
  case Parser.parse parser url of
    Just answer ->
      answer

    Nothing ->
      ( { model | page = NotFound session }
      , Cmd.none
      )
```

前のページのModelから`session`を引っ張り出して、次のページの`init`に与えています。また、このサイトでは特に`Route`のような中間データを作らず、直にページを構築しているようです。

いかがでしょうか。筆者の知る限りでは、SPAのサンプルでここまでわかりやすくまとまっているコードはElmに限らなくてもそう多くはありません。プロダクション導入の際にはぜひ参考にしてみてください。

一歩先のトピック

ここから先は、Elmプログラミングをもっと楽しむために、開発に役立つ周辺知識やコミュニティについて一通り紹介します。

コミュニティとOSS

Elmに限った話ではありませんが、コミュニティの存在はとても重要です。ここではElmコミュニティの様子やOSSとしてのElmへの貢献の方法について紹介します。

Elmコミュニティ

Elmコミュニティは初心者に対してかなりフレンドリーです。1人で考えていて解決できない問題も、ちょっと質問してみたらあっという間に解決へと導いてくれたりします。また、流れてくる話題をウォッチしているだけでも「今こういうことが話題になってるんだな」とか「今後こっちの方に舵が切られそうだ」という雰囲気を知ることができます。

特に活気のある場所をいくつか紹介します。

▶Slack

誰でも参加できるチャットです。すべて英語ではありますが、「こんなときはどうしたらいいの?」といった初心者の質問も気軽にできます。また、カンファレンスの情報やツールのバージョンアップなどの情報もどんどん流れてきます。気になるチャンネルがあれば参加しておきましょう。

URL http://elmlang.herokuapp.com/

▶Discourse

こちらはスレッド形式のフォーラムです。言語の仕様に関する話題や、プロダクションで使ってみた体験談など、Slackよりもまとまった内容を議論したり質問したりするのに便利です。

URL https://discourse.elm-lang.org/

▶Elm-jp

日本のElmコミュニティです!　すべて日本語なので、英語だとハードルが高いときはこちらへどうぞ。質問をすればすぐに回答が返ってきます。また、公式ドキュメントの翻訳なども行っています。ちなみにトップのヤギの写真は管理人の溺愛するペットのさくらちゃんです。

URL https://elm-lang.jp/

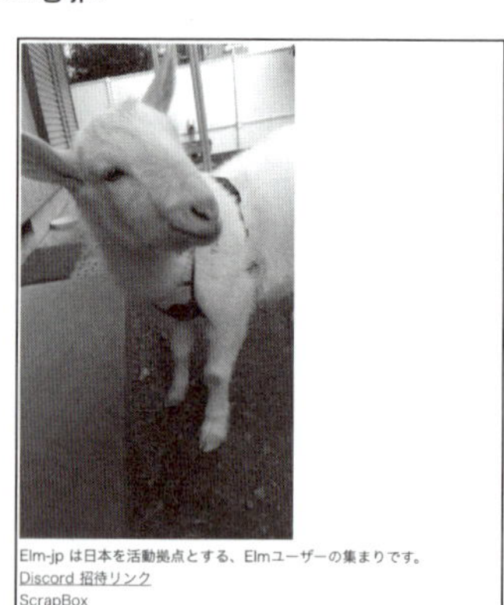

▶ カンファレンス

世界規模のイベントがアメリカやヨーロッパでたびたび開催されています。世界のコミュニティメンバーと顔を合わせることのできる貴重な機会です。

◉Elm Europe 2017の様子

Elmへのバグ報告

Elmはツールからライブラリ、サイトに到るまで、すべてがGitHubに公開されています。何かバグやその他の問題がある場合はすでにIssueが報告されていないかを確認してみましょう。リポジトリはコンパイラ、各種ライブラリ、サイトと細かく分かれています。下記はその一例です。

- https://github.com/elm/compiler
- https://github.com/elm/core
- https://github.com/elm/html
- https://github.com/elm/elm-lang.org

厳密なルールはありませんが、バグ報告の際は次の事柄を意識すると喜ばれます。

- 問題の起こる環境(OS、ブラウザ、Elmのバージョン、ライブラリのバージョンなど)を明記する
- 再現可能な最小のサンプルを用意する

また、わずかながらプルリクエストも受け付けています。小さなバグ修正やドキュメントのタイポの修正は比較的受け入れられやすいです。なお、再現可能な最小のサンプルはSSCCE(Short, Self Contained, Correct Example)と呼ばれたりします。

URL http://sscce.org/

機能追加に対するスタンス

Elmは機能追加に対してかなり慎重です。直接、GitHubに機能要望のIssueや機能追加(改善)のプルリクエストを出してもまず受け入れてくれないでしょう。

というのは、作者のEvan Czaplicki氏は「コードによる貢献」はあまり重視しておらず、何よりも先に本当にそれが正しいのかという議論が必要だと考えているからです。

- どういうアプリケーションを作ると、どういう問題が起きるのか?
- その問題を解決しうるベストな方法は何か?
- そのケースは多くの開発者にとって共通のものか?
- 短期的に何かの問題が改善したとしても、長期的に見て別の何かを犠牲にしないか?

ここがElmの独特な部分でもあるのですが、Elmの開発はユースケースと密接です。「何を解決するのかわからないけれどないよりあった方がいいだろう」という理由で機能はつきません。

Elmを使っている開発者が直面している問題をできるだけ多く集めた上で「それらの問題を解決するベストな方法はこれだ」となったときにはじめてその機能がつきます。

このスタンスについてより詳しくは、次の動画が参考になるでしょう。

- "Code is the Easy Part" by Evan Czaplicki

  URL https://www.youtube.com/watch?v=DSjbTC-hvqQ

SECTION-039

ライブラリの公開

便利なライブラリを作ったら、誰もが使えるようにインターネット上に公開してみましょう。ここでは自作のライブラリをパッケージとして公開する方法を説明します。

公開の手順は次のようになります。

1. elm.jsonを設定する
2. ドキュメントを書く
3. README.mdとLICENSEファイルを用意する
4. GitHubにアップロードする
5. 公開する

現時点では、パッケージを公開するにはGitHubのリポジトリが必須のようです。GitHubアカウントをお持ちでなければ、あらかじめ作っておいてください。

elm.jsonの設定

パッケージとは、`main` 関数のないプロジェクトと考えればよいでしょう。基本的にはここまで説明してきたアプリケーションの作り方と同じです。

ただし、`elm.json` の構造だけが少し変わります。

SAMPLE CODE 6_2_my-package/elm.json

```
{
  "type": "package", ―❶
  "name": "my-name/my-tool", ―❷
  "summary": "Awesome Tool that everyone should use", ―❸
  "license": "BSD-3-Clause", ―❹
  "version": "1.0.0", ―❺
  "exposed-modules": [
    "MyTool.MyModule",
    "MyTool.MyUtil"
  ], ―❻
  "elm-version": "0.19.0 <= v < 0.20.0",
  "dependencies": {
    "elm/core": "1.0.0 <= v < 2.0.0"
  },
  "test-dependencies": {
    "elm-explorations/test": "1.0.0 <= v < 2.0.0"
  }
}
```

❶ typeをpackageにします
❷ ユーザー名とパッケージ名(GitHubのアカウント名とリポジトリ名に対応します)
❸ ライブラリの概要
❹ ライセンス(ElmのパッケージはBSD-3-Clauseが多いです)
❺ バージョン(最初のバージョンは「1.0.0」にしてください)
❻ 公開するモジュールの名前をすべて列挙します

ドキュメントを書く

公開するモジュールは、すべてドキュメントの記述が必須です。ドキュメントにはMarkdown記法を使います。

SAMPLE CODE 6_2_my-package/src/MyTool/MyModule.elm

```
module MyTool.MyModule exposing
    ( increment, decrement
    , MyList(..)
    )

{-| This module provides several ways to do awesome things.   ❶

# Calculation

@docs increment, decrement                                    ❷

# Types

@docs MyList

-}

import ...

{-| Increment integer numbers.

    increment 1 == 2                                          ❸

-}
increment : Int -> Int
increment a =
    a + 1

{-| ...
-}
decrement : Int -> Int
decrement a =
    a - 1
```

```
{-| A very common data structure.
-}
type MyList a
    = Cons a (MyList a)
    | Nil
```

❶ moduleとimportの間に、モジュールの概要を記述します
❷ 読みやすさのために、関数をいくつかのカテゴリに分けます
❸ それぞれの関数の使い方を記述します(コード例を載せることが推奨されています)

ドキュメントをプレビューするには、まず次のコマンドでJSONファイルを出力します。

```
$ elm make src/Main.elm --docs=docs.json
```

次に、下記のサイトにドラッグ&ドロップします(公式サイトではありませんが、Elmユーザーのdmy氏によって運営されています)。

URL https://elm-doc-preview.netlify.com/

README.mdとLICENSEファイルを用意する

`README.md` と `LICENSE` ファイルをそれぞれプロジェクトのトップディレクトリに置きます。`README.md` はパッケージのトップページとして利用されます。書き方は特に決まっていませんが、不安であれば既存のプロジェクトを参考にするのがよいでしょう。

`LICENSE` の書き方はライセンスの種類によりますが、シンプルなライセンスであればGitHubがデフォルトで生成するファイルを利用するのが一番手軽です。

タグをつけてGitHubにプッシュする

完成したら、Gitのタグを作成します。`elm.json` のバージョンと同じ名前(最初は `1.0.0`)にしてください。

```
$ git tag -a 1.0.0 -m "First Release"
```

タグを作成したらGitHubにプッシュします。

```
$ git push origin 1.0.0
```

公開

最後に、`elm publish` コマンドでパッケージを公開します。

```
$ elm publish
This package has never been published before. Here's how things work:

  - Versions all have exactly three parts: MAJOR.MINOR.PATCH

  - All packages start with initial version 1.0.0

  - Versions are incremented based on how the API changes:

        PATCH = the API is the same, no risk of breaking code
        MINOR = values have been added, existing values are unchanged
        MAJOR = existing values have been changed or removed

  - I will bump versions for you, automatically enforcing these rules


I will now verify that everything is in order...

  ● Found README.md
  ● Found LICENSE
  ● All packages start at version 1.0.0
  ● Version 1.0.0 is tagged on GitHub
  ● No uncommitted changes in local code
  ● Code downloaded successfully from GitHub
  ● Downloaded code compiles successfully / docs generated

Success!
```

以上です！　もし何か不備があっても上のチェックリストに従って直していけば大丈夫です。パッケージが正しく公開されているかをパッケージサイトから確認してみましょう。

バージョンアップ

今度は、公開後いくつかの機能追加・修正を加えた後にバージョンアップする方法を説明します。Elmのすべてのパッケージは強制的にセマンティックバージョンに従う仕組みになっています（これについては《プロジェクトの管理》（p.162）で解説しています）。

まず、この変更がMAJOR/MINOR/PATCHのどれなのか、意図通りになっているかを確認します。`elm diff` コマンドを使うと、現在公開中の最新バージョンとローカルの変更の差分をとり、バージョンアップの種類を判定することができます。

```
$ elm diff
This is a MAJOR change.

---- Diff - MAJOR ----

    Added:
        fizzBuzz : Int -> String

    Removed:
        leftPad : Int -> String -> String
```

この例では関数の削除を行っているため、MAJORバージョンアップと判定されています。もし意図通りでなければ、再度コードを修正します。

`elm bump` コマンドを使うと、上記の結果をもとにバージョンの変更を `elm.json` に反映することができます。

```
$ elm bump
Based on your new API, this should be a MAJOR change (1.0.3 => 2.0.0)
Bail out of this command and run 'elm diff' for a full explanation.

Should I perform the update (1.0.3 => 2.0.0) in elm.json? [Y/n] y
Version changed to 2.0.0.
```

ここでは、`1.0.3` から `2.0.0` にMAJORバージョンアップしています。

残りの手順は最初のリリースと同じです。Gitのタグを追加して、パッケージを公開します。

```
$ git tag -a 2.0.0 -m "New Version"
$ git push origin 2.0.0
$ elm publish
```

COLUMN 良いライブラリを書くために

ユーザーに良いライブラリを提供するために、公式にガイドラインが用意されています。必要に応じて参考にしてください。

URL https://package.elm-lang.org/help/design-guidelines

ガイドラインの概要は次のようになります。

- 具体的なユースケースのために設計すること
- 無駄な抽象化を避けること
- 親切なドキュメントと例を用意すること
- データ構造は最後の引数にすること
- カスタム型やレコードのコンストラクタを公開しないこと(「exposing (Data(..))」ではなく「exposing (Data)」とする)
- 命名
  - 人間に読みやすい名前にすること
  - モジュール名と重複した関数名をつけないこと(「State.runState」など)

SECTION-040

開発ツールの紹介

ここではElm開発に便利なツールやサイトをいくつか紹介します。

elm-live

elm-liveは `.elm` ファイルを監視して変更があったときに再ビルドとともにブラウザをリフレッシュするツールです(フロントエンド開発ではしばしばlive reloadと呼ばれています)。

URL https://github.com/wking-io/elm-live

コマンドはシンプルに、`elm make` を `elm-live` に置き換えるだけです。これで開発用サーバーが立ち上がります。

```
$ elm-live src/Main.elm --open
```

`--` の後ろに `elm make` のオプションを加えることもできます。

```
$ elm-live src/Main.elm --open -- --output=elm.js
```

`Browser.application` 用のプログラムを書くために `--pushstate` というフラグも用意されています。これを使うと《**ナビゲーション**》(p.179)で紹介した方法と同様に、`/` 以外のパスにアクセスしたときに `index.html` を返すことができます。

```
$ elm-live src/Main.elm --open --pushstate
```

elm-webpack-loader

elm-webpack-loaderは、フロントエンドで人気のビルドツールwebpackでElmを利用するためのプラグインです。

URL https://github.com/elm-community/elm-webpack-loader

webpackはNode.jsのモジュールの依存関係を解決して1つのJavaScriptファイルにバンドルするためのツールです。基本的にはそれだけですが、他にもさまざまな機能を提供しています。

たとえば、"loader"という機能を利用すると、JavaScript 外のファイル(たとえばCSSや画像など)をJavaScriptのモジュールとしてインポートすることが可能になります。ここで紹介するelm-webpack-loaderはElmファイルをJavaScriptにコンパイルして読み込むためのloaderということです。

```
const { Elm } = require("./src/Main.elm"); // JS にコンパイルされた Elm プログラムが手に入る
Elm.Main.init();
```

また、webpackは開発用サーバーとしての機能も充実しています。特徴的な機能としては、閲覧中の画面をリフレッシュせずにモジュール単位で更新するHot Module Replacement（HMR）があります。これはCSSなどの見た目の変化をその場で確認したいときに特に便利です。

下記は、elm-webpack-loaderを利用する際の設定例です。

```
module.exports = {
  module: {
    rules: [
      {
        test: /\.elm$/,
        exclude: [/elm-stuff/, /node_modules/],
        use: [
          // HMR を利用する(任意)
          { loader: "elm-hot-webpack-loader" },
          {
            loader: "elm-webpack-loader",
            options: {
              cwd: __dirname
            }
          }
        ]
      }
    ]
  }
};
```

webpack自体について詳しくは、公式サイトや他の解説などを参照してください。

URL https://webpack.js.org/

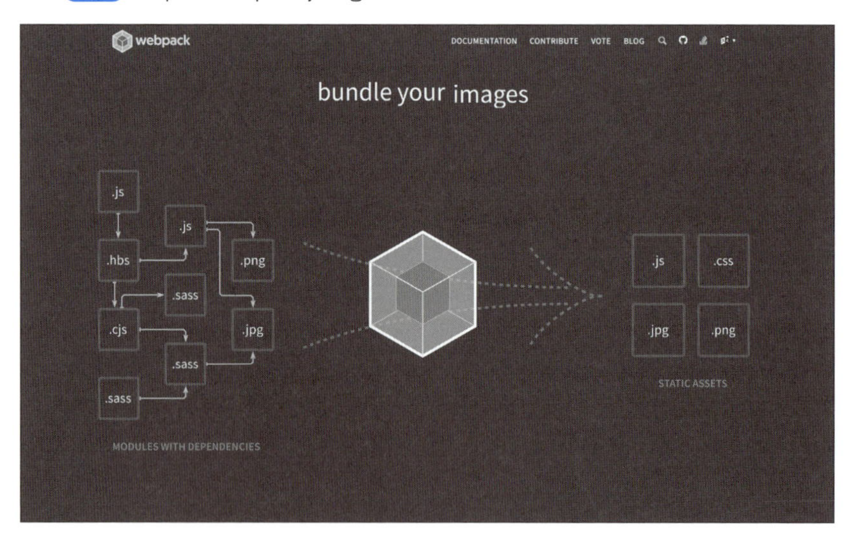

create-elm-app

create-elm-appは、複雑な設定なしに本格的なアプリケーションをすぐに作り始めることができるツールです。

URL https://github.com/halfzebra/create-elm-app

次のコマンドを実行するとプロジェクトのひな形が作られます。

```
$ create-elm-app my-app
```

```
my-app/
  ├── .gitignore
  ├── README.md
  ├── elm.json
  ├── elm-stuff
  ├── public
  │   ├── favicon.ico
  │   ├── index.html
  │   ├── logo.svg
  │   └── manifest.json
  ├── src
  │   ├── Main.elm
  │   ├── index.js
  │   ├── main.css
  │   └── registerServiceWorker.js
  └── tests
      └── Tests.elm
```

テストやfavicon.icoファイルなど、実用上、必要なものが一通り揃っていることが確認できると思います。

ここで `elm-app start` コマンドを実行すると、開発用サーバーが立ち上がります。また、`elm-app build` コマンドはプロダクション用に最適化されたビルドを実行します。

create-elm-appの内部ではwebpackが使われており、HMRなど便利な設定が一通り揃っています。また、プロダクション用ビルドではJavaScriptやCSS、HTMLファイルはすべてminifyされます。

詳細な使い方は、生成されたプロジェクトの `README.md` を見てください。機能はかなり豊富にあり、かなりいろいろなことができるようになっています。

それでももっと細かいチューニングが必要になり、webpackに手を入れせざるを得なくなったときは、最終手段として `elm-app eject` コマンドがあります。このコマンドを実行すると、create-elm-appの内部で使われているwebpackの設定が全部出てきます。

ejectすると何でもできるようになりますが、create-elm-app本体の更新に追従するのが難しくなるので注意してください。

Parcel

Parcel はwebpackと同様にJSやCSSなどを種類ごとにバンドルしてくれるツールです。

URL https://parceljs.org/

設定をまったく書かなくても期待通りに動作することを売りにしています。v1.10.0からはElmもサポートされました。

次の例はElmプログラムをparcelで作るための最小構成です。

SAMPLE CODE index.html

```
<body>
  <script src="/app.js"></script>
</body>
```

SAMPLE CODE app.js

```
const { Elm } = require("./src/Main.elm");
Elm.Main.init();
```

JavaScript ファイルからElmファイルを読み込んでいるのは違和感があるかもしれませんが、ElmをJavaScriptにコンパイルする処理は裏で自動的に行われます。

この状態で次のコマンドを実行すると開発用サーバーが立ち上がり、`http://localhost:1234` にアクセスするとアプリが動作します。

```
$ parcel index.html
Server running at http://localhost:1234
✨ Built in 7ms.
```

設定ファイルを1行も書かなかったので一見すると大したことをしていないように見えますが、Elmのコンパイルの他にJavaScriptファイルの結合、SASSなどのCSSプリプロセッサを使えばその変換、webpackと同様のHot Module Replacement(HMR)など、実にさまざまなことを行っています。

筆者はまだ使い込んではいないのですが、あまりにも簡単に開発を始められるので驚きました。

elm-minify

elm-minifyは、Elmによって生成されたJSを最小化するツールです。最小化について詳しくは《ビルドの最適化》(p.221)を参照してください。

```
$ elm-minify elm.js
```

elm-analyse

elm-analyseは、プロジェクト内のElmコードを解析するツールです。

URL https://github.com/stil4m/elm-analyse

未使用の変数やインポートを発見する他、モジュールの依存関係を可視化したり、アップデートが必要なパッケージを教えてくれたりします。

Html to Elm

Html to ElmはHTMLを `elm/html` の関数に変換してくれるサイトです。

URL https://mbylstra.github.io/html-to-elm/

既存のプロジェクトから移行したり、デザインカンプのHTMLを翻訳するときなどに便利です。

Ellie

Ellie(**E**lm **Li**ve **E**ditor)はオンラインでElmアプリを作成・シェアできるサイトです。

URL https://ellie-app.com

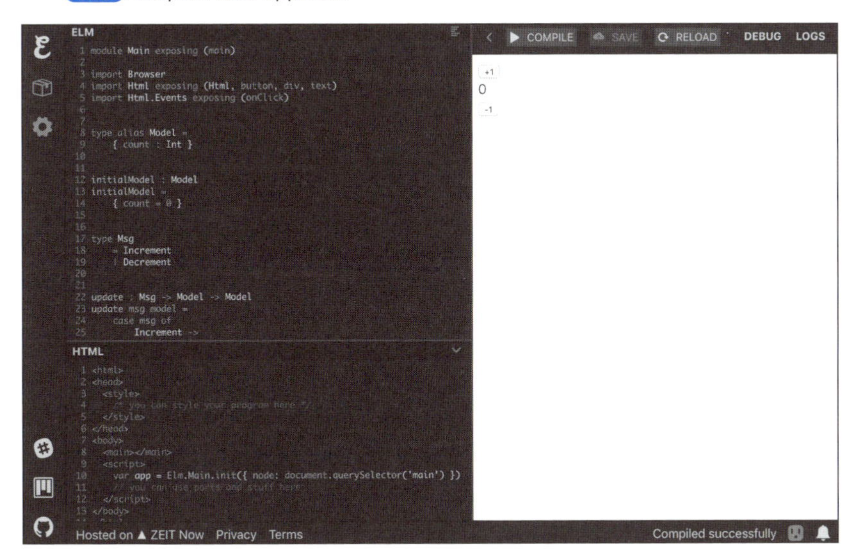

何か簡単なアプリを作ってみたときや、バグ報告するのに再現して見せるときにも使えます。パッケージをインストールすることもできます。

ちなみに、実装にはWebAssemblyが使われており、ブラウザ上でElmコンパイラが動くという、かなり凝った作りになっています。EllieはEvan Czaplicki氏の同僚であるNoRedInkのLuke Westby氏によって管理されています。

CSS管理のテクニック

Elmに限らず、大きなプロジェクトになるほどCSSの管理は難しくなってきます。

よくある問題としては、スタイルの干渉があります。いくらビューをモジュールを分けていて管理していても、CSSは分け隔てなくスタイルを当ててしまいます。

また、ブラウザ互換性の問題もあります。あるブラウザではきれいに表示されても別のブラウザでは表示が崩れていたり、古いブラウザでは新しい機能がサポートされていなかったりします。

ElmはCSSに関して特別な機能を提供しているわけではありません。ここでは、現状どのような選択肢があるのかを簡単に紹介していきます。

Sass

SassはCSSプリプロセッサの1つで、CSSで変数や関数を使ったり、ネストを直感的に記述することができます。

URL https://sass-lang.com/

次の例は、SCSSという記法を使った例です。

```
$font-stack: Helvetica, sans-serif;
$primary-color: #333;

body {
  font: 100% $font-stack;
  color: $primary-color;
}

nav {
  ul {
    margin: 0;
    padding: 0;
    list-style: none;
  }

  li {
    display: inline-block;
  }
}
```

これをコンパイルすると、次ページのようなCSSが生成されます。

```
body {
  font: 100% Helvetica, sans-serif;
  color: #333;
}
nav ul {
  margin: 0;
  padding: 0;
  list-style: none;
}
nav li {
  display: inline-block;
}
```

他にも、簡単な計算や関数、ミックスインを使ってかなりいろいろな表現ができます。最近のCSSでは変数(`var(--foo)`)や関数(`calc(10% + 20px)`)が使えるため、そろそろSassに頼らなくてもいいような気もしますが、まだIE11など非対応のブラウザがあるので油断は禁物です。

PostCSS

PostCSSはCSSをパースして新しいCSSを生成します(もともとはCSSの後処理(Post Process)のためのツールでしたが、今ではプリプロセッサーとしても使われています)。

URL https://postcss.org/

PostCSSはさまざまなプラグインを組み込んで使えるように設計されています。中でも最も有名なのはAutoPrefixerです。AutoPrefixerは、さまざまなブラウザに合わせたプレフィックスを自動で付加します。

```
::placeholder {
  color: gray;
}
```

このルールは、次のように変換されます。

```
::-webkit-input-placeholder {
  color: gray;
}
:-ms-input-placeholder {
  color: gray;
}
::-ms-input-placeholder {
  color: gray;
}
::placeholder {
  color: gray;
}
```

AutoPrefixerはcaniuse.comのブラウザサポート情報やStatCounterのブラウザ利用状況を参照して動作を決定します。

- Can I use...
  URL https://caniuse.com/
- StatCounter Global Stats
  URL http://gs.statcounter.com/

また、Browserslistの機能を利用して `> 1%, last 2 versions, Firefox ESR` のようにサポート対象のブラウザを指定することができます。

- browserslist
  URL https://github.com/browserslist/browserslist

BEM

BEMはBlock、Element、Modifierの頭文字をとったもので、クラスの命名規則によってスタイルの干渉を防ぐ手法です。命名規則は `block__element--modifier` のようにします。

- Blockは再利用できる要素です
- ElementはBlockの内部にある部品です
- ModifierはBlockやElementを修飾するものです

次の例がわかりやすいでしょう（https://frasco.io/5-reasons-to-use-bem-f5ca38f748a1から引用です）。

```
<article class="card">
  <h1 class="card__title"></h1>
  <p class="card__text"></p>
  <p class="card__text card__text--secondary"></p>
  <a class="card__button button" href="#">Read more</a>
</article>

.card {
}
.card__title {
}
.card__text {
}
.card__text--secondary {
}
.card__button {
}
```

BEMを使うのに何か特別なツールが必要なわけではありません。

CSS Modules

CSS Modulesはスタイルの干渉を防ぐためにCSSファイル内で使われているクラス名を別名に変換する方法です。

URL https://github.com/css-modules/css-modules

CSS Modulesの実装はいくつかありますが、webpackの `css-loader` を使う方法が最もよく知られています。loaderというのは `import XXX` のように別のモジュールを呼び出したときに、そのファイルの中身を書き換えて読み込む機能です。これを使うと、たとえば `import xxx.css` と書いたときに、`xxx.css` をJavaScriptやElmのモジュールに変換して読み込むことができます。

手順としては、まずCSSを書きます。

```
.primary {
  /* ... */
}
```

これをJavaScriptから読み込みます(例はReactです)。

```
import styles from "./components/button.css";

...

<button className={styles.primary}>Submit</button>;
```

すると、最終的に次のようなHTMLになります。

```
<button class="components_button__primary__abc5436">Submit</button>
```

class名はファイル名やハッシュ値を利用して、干渉しない名前が自動生成されています。

Elmにおける CSSの取り組み

Elmプロジェクトでも**上記に挙げたツールでほとんどの用事は足ります**。それ以上のことをしてもいいのですが、あまりこれといったものはないように見えます。

ですが、せっかくですからElm界隈で話題になっている「野心的な」取り組みをいくつか紹介しておきます。

▶ mdgriffith/elm-ui

mdgriffith/elm-uiはHTMLとCSSのあり方を根本から考え直すライブラリです。

URL https://package.elm-lang.org/packages/mdgriffith/elm-ui/latest/

CSSはある種のレイアウトに関して直感的に記述できるようになっていません。筆者は「ある要素を上下左右中央に配置するための方法」や「横に並んだ要素のうち最後のものだけを右に寄せる方法」を何度、検索したかわかりませんし、検索しても用が済んだらすぐに忘れてしまいます。

elm-uiはまさにそうした問題を解決するためのライブラリです。例を見てみましょう。

```
module Main exposing (main)

import Element exposing (..)
import Element.Background as Background
import Element.Font as Font


main =
    layout [ width fill, height fill ] -- ウインドウサイズいっぱいに表示する
        (el
            [ width (px 200)
            , height (px 200)
            , Background.color (rgb255 180 220 220)
            , centerX -- 要素を左右中央に表示する
            , centerY -- 要素を上下中央に表示する
            ]
            (el
                [ centerX
                , centerY
                , Font.bold
                ]
                (text "Hello!")
            )
        )
```

どうでしょう、上下左右中央です！　中途半端ながらCSSの知識がある筆者としては本当に楽に書けるのかと半信半疑でしたが、すぐに理解して使うことができました。

elm-uiでは`Html msg`の代わりに`Element msg`という型を使いますが、相互に変換することが可能なようです。また、大掛かりな仕組みにも思えますが、速度も十分に出ると説明されています。

▶ Web CompoenentsをElmで使う

Web CompoenentsはUIコンポーネントの作成をJSのフレームワークなしで可能にする一連の技術です。Googleなどが仕様策定に関わっており、次世代のブラウザに広く搭載されることが期待されています。

Web Compoenentsは下記の仕様の総称です(これらにHTMLやJSのインポートも含めることがあるようです)。

- Custom Elements
- Shadow DOM
- HTML Template

このうち、Elmと直接的に関わりがありそうなのはCustom ElementsとShadow DOMです。

Custom Elementsは独自のHTML要素を定義するための仕組みです。

```
export class MyComponent extends HTMLElement {
  constructor() {
    super();
    const shadowRoot = this.attachShadow({ mode: "open" });
    shadowRoot.innerHTML = html`
      <style>
        :host {
          display: block;
          background-color: #222;
          color: pink;
          display: flex;
          justify-content: center;
          align-items: center;
        }
      </style>
      <b>🚀Hello, Custom Elements!</b>
    `;
  }
customElements.define("my-component", MyComponent);
// 以降、<my-component> 要素が使えるようになる。
```

Custom ElementsはElmからでも問題なく利用することができます。たとえば、JavaScript製のテキストエディタなどをElmアプリケーションに埋め込んで使うことも可能になります。

```
textEditor : Html msg
textEditor =
  node "text-editor" [] []
```

Shadow DOMはCustom Elementsの内部で使われ(前ページの例では `shadowRoot`)、コンポーネントの実装詳細に外部からアクセスできないようにします。この中に定義されたCSSのルールは外部のスタイルとはまったく独立しているため、スタイルの干渉をまったく気にせずにUIを生産できるということです。

ドキュメントは下記がわかりやすいでしょう。

URL https://developers.google.com/web/fundamentals/web-components/shadowdom?hl=ja

残念ながら、執筆時点でWeb ComponentsはChromeとFirefoxで対応されているものの、Safariは一部、EdgeやIEではまったくサポートされていません。ですが、Web Componentsが使えるようになればElmにとっても大きなメリットが期待できるため、Elmコミュニティでも注目されています。

- "When and how to use Web Components with elm" by Luke Westby

  URL https://www.youtube.com/watch?v=tyFe9Pw6TVE

SECTION-042

特殊なモジュール

ここでは公式ドキュメントでは解説されていない特殊なモジュールについて概要をざっと説明します。それは**Effectモジュール**と**Kernelモジュール**です。

両者ともコア開発者グループ（具体的にはelmとelm-explorations）のみに許可された機能であり、コンパイルしたりパッケージを公開することはできません。

そういうわけで一般の開発者が触ることはまずありませんが、GitHubでコードを読んでいると出てくるので、どんなものなのか知っておいて損はないでしょう。

以降の解説は、公式の説明ではないことにご注意ください。

Effectモジュール

Httpモジュールの先頭を見ると見慣れない文法があります。

```
effect module Http where { command = MyCmd, subscription = MySub }
```

この文法はどこにも解説されていませんが、ここではEffectモジュールと呼ぶことにしましょう。Effectモジュールはコマンドとサブスクリプションの振る舞いを実装するためのモジュールです。

コマンドとサブスクリプションの共通する特徴は、次のようになります。

1. ランタイムシステムがアプリケーションから何らかの要求を受け取り
2. アプリケーションにメッセージを返す

Effectモジュールは1から2までの間にある複雑な状態を管理します。

具体的にはどのような状態があるでしょうか。コマンドの典型例としてHTTPリクエストを考えてみます。HTTPリクエストを行う場合、リクエストを出してから応答があるまでの途中経過を追う必要があります。また、途中でリクエストをキャンセルしたい場合もあります。そのため、どのようなリクエストを出したのかを覚えておかなくてはなりません。

サブスクリプションの例としては一定の時間間隔で発生するイベントが考えられます。1つのイベントに対して複数の購読者がいるような状況も考えられますから、すべての購読者を常に把握している必要があります。

これらの処理を行うために**Effect Manager**と呼ばれる実装を用意する必要があります。大まかな概念図は次のようになります。

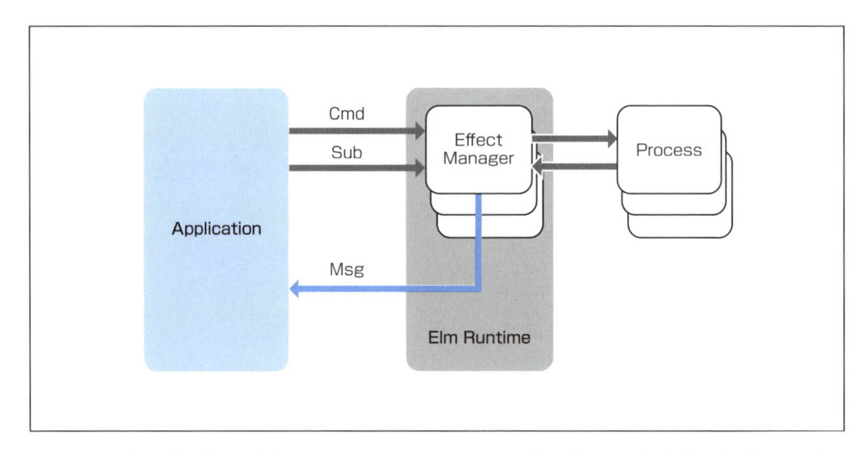

これらの処理を適切に行うために、Process、Routerという2つの概念を理解する必要があります。

▶ Process

Processは非同期に行われている処理を表します。具体的には、HTTPリクエストの状態管理やDOMのイベントリスナーにあたる処理があります。

下記は、Processモジュールに定義されている主な関数です。

```
type Id
spawn : Task x a -> Task y Id
sleep : Time -> Task x ()
kill : Id -> Task x ()
```

ちょうどOSでプロセスを扱うのと同じように、`spawn` でプロセスを生成したり `kill` で終了したりできるというわけです。

▶ Router

Processから発信されるメッセージの送信先を制御するために使います。Routerはcoreパッケージのplatformモジュールに定義されています。

```
type Router appMsg selfMsg
sendToApp : Router msg a -> msg -> Task x ()
sendToSelf : Router a msg -> msg -> Task x ()
```

`sendToSelf` はプロセスの生成元であるモジュールにメッセージを送信します。`sendToApp` はMainモジュールにメッセージを送信します。

Effectモジュールのコードリーディング

以降ではEffectモジュールの実装を見るために公式パッケージのコードを引用します。大体どんな雰囲気かだけを確認していただければと思います。

▶ Cmdの例：Random

下記は、Randomモジュールの実装からの引用です。

URL https://github.com/elm/random/blob/master/src/Random.elm

```
effect module Random where { command = MyCmd } exposing
  ( Generator, Seed
  , int, float, uniform, weighted, constant
  , list, pair
  , map, map2, map3, map4, map5
  , andThen, lazy
  , minInt, maxInt
  , generate
  , step, initialSeed, independentSeed
  )

-- アプリケーションで Cmd を生成する
generate : (a -> msg) -> Generator a -> Cmd msg
generate tagger generator =
  command (Generate (map tagger generator))


type MyCmd msg = Generate (Generator msg)


-- Cmd.map の実装
cmdMap : (a -> b) -> MyCmd a -> MyCmd b
cmdMap func (Generate generator) =
  Generate (map func generator)


-- 現在時刻から Seed を作成し、初期状態とする
init : Task Never Seed
init =
  Task.andThen (\time -> Task.succeed (initialSeed (Time.posixToMillis time))) Time.now


-- アプリケーションから受け取った Cmd がすべてここに届く
onEffects : Platform.Router msg Never -> List (MyCmd msg) -> Seed -> Task Never Seed
onEffects router commands seed =
  case commands of
    [] ->
      Task.succeed seed
```

```
    Generate generator :: rest ->
      let
        -- ランダム値と新しい Seed を生成
        (value, newSeed) =
          step generator seed
      in
        -- すべての Cmd から順次ランダム値を生み出し、アプリケーションに送り返す
        -- 新しい Seed を次の状態とする
        Task.andThen
          (\_ -> onEffects router rest newSeed)
          (Platform.sendToApp router value)
```

▶Subの例：Mouse

下記は、Browser.Eventsモジュールの実装からの引用です。

URL https://github.com/elm/browser/blob/master/src/Browser/Events.elm

```
effect module Browser.Events where { subscription = MySub } exposing
  ( onAnimationFrame, onAnimationFrameDelta
  , onKeyPress, onKeyDown, onKeyUp
  , onClick, onMouseMove, onMouseDown, onMouseUp
  , onResize, onVisibilityChange, Visibility(..)
  )


-- イベントの種類と型変換用の関数(タグ)を保持する
type MySub msg =
  MySub Node String (Decode.Decoder msg)


-- Sub.map の実装
subMap : (a -> b) -> MySub a -> MySub b
subMap func (MySub node name decoder) =
  MySub node name (Decode.map func decoder)


-- クリックイベントを購読する Sub を生成する公開 API
onClick : Decode.Decoder msg -> Sub msg
onClick =
  on Document "click"


-- イベントの購読者とプロセス ID を辞書で管理
type alias State msg =
  { subs : List (String, MySub msg)
```

```
  , pids : Dict.Dict String Process.Id
  }


-- 初期状態は購読者・プロセスともになし
init : Task Never (State msg)
init =
  Task.succeed (State [] Dict.empty)


-- アプリケーションから受け取った Sub がすべてここに届く
-- プロセスの spawn/kill を行い、購読者とプロセス ID の状態を更新する
onEffects : Platform.Router msg Event -> List (MySub msg) -> State msg
    -> Task Never (State msg)
onEffects router subs state =
  let
    newSubs =
      List.map addKey subs

    stepLeft _ pid (deads, lives, news) =
      ( pid :: deads, lives, news )

    stepBoth key pid _ (deads, lives, news) =
      ( deads, Dict.insert key pid lives, news )

    stepRight key sub (deads, lives, news) =
      ( deads, lives, spawn router key sub :: news )

    (deadPids, livePids, makeNewPids) =
      Dict.merge stepLeft stepBoth stepRight state.pids (Dict.fromList newSubs)
        ([], Dict.empty, [])
  in
  Task.sequence (List.map Process.kill deadPids)
    |> Task.andThen (\_ -> Task.sequence makeNewPids)
    |> Task.andThen
        (\pids ->
            Task.succeed (State newSubs (Dict.union livePids (Dict.fromList pids)))
        )


-- 子プロセスからメッセージが届いたら、それをアプリケーションに送り直す
onSelfMsg : Platform.Router msg Event -> Event -> State msg -> Task Never (State msg)
onSelfMsg router { key, event } state =
  let
    toMessage (subKey, MySub node name decoder) =
      if subKey == key then
        Elm.Kernel.Browser.decodeEvent decoder event
```

```
      else
        Nothing

    messages =
      List.filterMap toMessage state.subs
  in
  Task.sequence (List.map (Platform.sendToApp router) messages)
    |> Task.andThen (\_ -> Task.succeed state)
```

Kernelモジュール

KernelモジュールはElmではなくJavaScriptで実装されるモジュールです。JavaScriptのAPIにアクセスするときや特にパフォーマンスが必要な場面で使われています。

Kernelモジュールは一部のコア開発者以外、コンパイルしたりパッケージを公開したりすることはできません。それにはいくつかの理由がありますが、一言で言うと安全な実装を行う難易度が非常に高いからです。

具体的には、下記をすべて満たさなければKernelモジュールを正しく動作させることはできません。

- あらゆるブラウザで正しく動作させる
- 宣言した型と一致する値を正しく返す
- オブジェクトに状態を持たせない
- 副作用を起こさない
- ランタイムエラーを絶対に起こさない
- 「--optimize」しても正しく動くようにする

もし、JavaScriptの呼び出しにKernelモジュールを使いたいという人がいたらポートをすすめてください。ポートによるやり取りは100%の安全が保証されています。

Kernelモジュールのコードリーディング

いくつかKernelモジュールの実装を見てみましょう。まずは `String.length` の実装です。

```
function _String_length(str) {
  return str.length;
}
```

Elmの `String` 型の値はJavaScriptの文字列と同じなので、そのまま `.length()` メソッドを利用しているようです。

続いて `String.reverse` の実装です。

```
function _String_reverse(str) {
  var len = str.length;
  var arr = new Array(len);
```

```
    var i = 0;
    while (i < len) {
      var word = str.charCodeAt(i);
      // サロゲートペアは 1 文字として扱う
      if (0xd800 <= word && word <= 0xdbff) {
        arr[len - i] = str[i + 1];
        i++;
        arr[len - i] = str[i - 1];
        i++;
      } else {
        arr[len - i] = str[i];
        i++;
      }
    }
    return arr.join("");
  }
```

途中の `if` 文はサロゲートペアを考慮して2文字ずつ読むように実装されています。つまり、`String.reverse` は単にバイト列の反転ではないということです。

今度はリストも見てみましょう。`List.sortWith : (a -> a -> Order) -> List a -> List a` の実装です。

```
var _List_sortWith = F2(function(f, xs) {
  return _List_fromArray(
    _List_toArray(xs).sort(function(a, b) {
      var ord = A2(f, a, b);
      return ord === __Basics_EQ ? 0 : ord === __Basics_LT ? -1 : 1;
    })
  );
});
```

今度はだいぶ複雑ですが、いくつか興味深い関数が使われています。

まず、`F2` はカリー化のための関数です。カリー化とは、関数を部分適用できる形にしておくことです。

JavaScriptで `(a, b) => c` という関数は、引数 `a` だけに対して部分適用することはできませんが、`a => b => c` のように変形しておくことでそれが可能になります。一方、`A2` はカリー化された関数に一度に引数を渡して適用を行います。

次に、`_List_toArray` と `_List_fromArray` は、ElmのリストとJavaScriptの配列との変換を行う関数です。Elmでソートを行うよりもネイティブ実装の `sort()` を使うのが高速ということなのでしょう。

まだまだ興味深い実装はたくさんあるのですが、ここですべては紹介しきれません。ぜひ、GitHubに足を運んで確かめてみてください。

EPILOGUE

「Elmの良いところって何なんですか?」

知り合いからこんな訊かれ方をすることがときどきあるのですが、シンプルながらいまだに難問です。これだけやっているのだから、そろそろ何かしら答えを用意しておかなければいけないとは思うのですが。

「Webアプリのためのすごい言語です」

正しいのですが、曖昧でよくわかりませんね。

「いわゆる関数型言語で、強い静的な型を持っていて、優れたアーキテクチャを…」

これだといろいろな技術の良いところを寄せ集めた何か、という感じですね。しかし、JavaScriptフレームワークをたくさん触ってきた人には、これら一つひとつのピースが必然性を持って存在していることをわかってもらえるはずです。言い換えると、信頼性の高い画面を楽に作るという目的からこれらの特徴が導かれるのです。

- 信頼性を高めるために、型に関する多くのアイデアをML系の言語から取り入れました
- 画面を宣言的に書きたいという欲求からVirtual DOMを導入しました
- それでも状態管理が難しいので、なるべく状態が分散しない設計にしています
- Virtual DOMの最適化のために、純粋性と不変性が重要な役割を果たします

一方、JavaScriptでは、これらをそれぞれ別々のライブラリで実現します。それぞれは非常によくできているのですが、これらを一貫性を持って組み合わせるのはなかなか難儀です。この辺りをいろいろと頑張ったけど疲れてしまったという人にオールインワンなElmをすすめると、皆、口を揃えて「楽になった」と言います。

とはいえ、やはり1つの言語ですから実際にはそれなりの学習コストが要求されるのは事実です。また、素晴らしいパッケージシステムを持っているとはいえ、ライブラリの数はnpmに比べると圧倒的に少ないですから、いざという場面で「あのライブラリがないと困る...」となる可能性は否定できません。そういうわけで、話を聞いてると良さそうなElmを横目で見ながら、現実的にはJavaScriptを選択せざるを得ないという話をよく聞きます。

でも、ちょっと言わせてください。Elmが良くなるのを待っていてもキリがないんです!

NoRedInk社がElmをはじめて採用したのは2015年、バージョンでいうと0.15のときです。バージョン0.15といえば、Elmがまだ「FRP(関数型リアクティブプログラミング)」であった時代、Signalを使ってElmアーキテクチャを一から作らなければならなかった時代です。0.19の地平に立ってる今の我々からすると、あの原始的な道具(今考えれば)でプロダクションに挑む意欲がとても信じられません。しかし彼らはElmの良さをよく理解していたので、地道な努力で徐々にJavaScript(React)をElmに置き換えていったのです。

NoRedInk社で最初にElmに目をつけたのがRichard Feldman氏です。彼自身、最初は半信半疑だったそうですが、1つサンプルアプリを作ってみて確かな感触を得たのでしょう。

YouTubeに彼によるElmの紹介ビデオがたくさん上がっているのですが、どれもものすごい熱量で、不思議な伝染力があります。こうしてチーム内に仲間を増やしていき、Elmを書ける人が増えていきました。そして今ではチームの誰もがこう言うそうです。

「もうJavaScriptに戻りたくない」

この話からわかるのは、自分たちにとって使える道具であれば十分に実用的だということです。筆者もいくつかサンプルアプリを作っているうちに、ある段階で「もう普通にこれでいけるでしょ」と確信し、仕事でも使えるようになりました。長く使っていると何が得意で何が弱点なのかわかってくるのですが、その知識があるからこそ、何があってもなんとかなるだろうという自信も生まれてきます。

また、筆者はElmを始めてから何か困ったことがあったらコミュニティに助けを求めたり、逆に自分がいい方法を思いついたら共有するといったこともするようになりました。それまでは「誰かすごい人達が作ってくれたものを黙って享受する」というスタンスだったのが、「同じ船に乗っている仲間とうまく協力してやっていこう」という意識に変わっていきました。SlackやDiscourseを見ているとわかるのですが、皆さん本当にElmが大好きです(笑)。

本書がそんな人を1人でも多く増やすことに貢献できたのであれば幸いです。

■謝辞

本書を執筆するにあたり、株式会社C&R研究所の吉成様およびスタッフの皆様には本当にお世話になりました。何度も期限を延長した上に、一度書いた原稿がほとんど白紙になってしまいましたが、最後まで根気よくお付き合いいただきありがとうございます。

また、原稿のレビューをruichi(@ruicc)、ヤギ魔法少女さくらちゃん(Kadzuya Okmoto)(@arowM_)のお二人にお願いしました。急なお願いに数十のPRとIssueで答えてくれてありがとうございます。今度なんかおごります。

Elmの日本コミュニティの皆様にもDiscordでいろいろと質問に答えてもらうなど、かなり助けていただきました。

Elm作者のEvan Czaplicki氏にも本書の大まかな内容について確認していただきました。それからだいぶ時間が立ってしまったので頓挫したと思われていそうですが、出版されるころにまた報告したいと思います。何よりも素晴らしい言語をありがとうございます。

最後に、休日をつぶしての作業に文句を言いながらも寛大な心で許してくれた妻に感謝します。いつもありがとう。

INDEX

記号

A

B

C

D

E

F

G

H

P

R

S

T

U

V

た行

な行

は行

ま行

や行

ら行

わ行

■著者紹介

鳥居（とりい） 陽介（ようすけ）　Webフロントエンドエンジニア。高機能なGUIが好物で、常に手を動かしては怪しげなものを作ったり試したりしている。Idein株式会社勤務。プログラミング以外では作曲が趣味。

編集担当 ： 吉成明久 / カバーデザイン ： 秋田勘助（オフィス・エドモント）
イラスト：©piko72 - stock.foto

●特典がいっぱいのWeb読者アンケートのお知らせ

C&R研究所ではWeb読者アンケートを実施しています。アンケートにお答えいただいた方の中から、抽選でステキなプレゼントが当たります。詳しくは次のURLのトップページ左下のWeb読者アンケート専用バナーをクリックし、アンケートページをご覧ください。

C&R研究所のホームページ　http://www.c-r.com/

携帯電話からのご応募は、右のQRコードをご利用ください。

基礎からわかる Elm

2019年3月1日　初版発行

著　者　鳥居陽介
発行者　池田武人
発行所　株式会社　シーアンドアール研究所
新潟県新潟市北区西名目所 4083-6（〒950-3122）
電話　025-259-4293　FAX　025-258-2801
印刷所　株式会社　ルナテック

ISBN978-4-86354-222-8 C3055

©Yosuke Torii, 2019　Printed in Japan

本書の一部または全部を著作権法で定める範囲を越えて、株式会社シーアンドアール研究所に無断で複写、複製、転載、データ化、テープ化することを禁じます。

落丁・乱丁が万が一ございました場合には、お取り替えいたします。弊社までご連絡ください。